HUAZHUANG YU ZAOXING

化妆与造型

主 编 张小燕

合肥工业大学出版社
HEFEI UNIVERSITY OF TECHNOLOGY PRESS

图书在版编目（CIP）数据

化妆与造型/张小燕主编. —合肥：合肥工业大学出版社，2019.6（2024.7重印）
ISBN 978-7-5650-4532-5

Ⅰ.①化… Ⅱ.①张… Ⅲ.①化妆–造型设计–职业教育–教材 Ⅳ.①TS974.12

中国版本图书馆CIP数据核字（2019）第148737号

化 妆 与 造 型

张小燕 主编　　　　　　　　　　　　责任编辑　袁　媛

出　版	合肥工业大学出版社	版　次	2019 年 6 月第 1 版
地　址	合肥市屯溪路 193 号	印　次	2024 年 7 月第 4 次印刷
邮　编	230009	开　本	889 毫米×1194 毫米　1/16
电　话	基础与职业教育出版中心：0551-62903120	印　张	12
	营销与储运管理中心：0551-62903198	字　数	192 千字
网　址	www.hfutpress.com.cn	印　刷	安徽联众印刷有限公司
E-mail	hfutpress@163.com	发　行	全国新华书店

ISBN 978-7-5650-4532-5　　　　　　　　　　　定价：56.00元

如果有影响阅读的印装质量问题，请与出版社营销与储运管理中心联系调换。

前　言

随着生活水平的提高，人们越来越注重自身形象，化妆技术已经融入人们的生活，由此带动了化妆行业的发展。这个美丽时尚的行业，需要大批高素质、技术精湛的从业人员。目前，国内很多培训机构及中职学校都开设了化妆课程。根据我校的实际教学需求，我校专业教师在开展美容美发示范特色专业建设过程中编写了本教材。

"化妆与造型"是化妆专业开设的一门专业核心课程。本教材根据职业能力的培养需求，在内容设计上力求体现以工作过程为导向的教学理念；以培养实践能力为核心，以提高审美意识和掌握化妆技术为目标。全书共分为7大项目、35个任务，内容基本按照任务目标、任务描述、知识准备、任务实施、任务拓展进行编写，从基本要点入手，渐次深入操作实践；并通过大量化妆实操案例的展示，学生可以对化妆造型设计的基础知识有直观的了解，并可以掌握化妆技术的基本操作方法和技巧。本教材可以满足化妆从业人员的培训需求及行业用人的需求，同时也是零基础的爱美人士学习化妆技能的好教材。

本书特色鲜明，是任务驱动型的教材，突出以职业能力为核心，体现现代职业教育理念；注重"四新"：新知识、新技术、新工艺、新方法；将当下较流行的化妆潮流因素作为参考依据，紧跟时代潮流发展，凸显教材特色；全书图文并茂，通过图片操作演示，直观形象地展现给学生具体的操作步骤，更体现了做中学、学中做的教学理念，为学生的职业发展打好基础。

本书由南宁市第三职业技术学校张小燕主编，编写过程中在多方收集资料的同时，也将自己多年来教育教学的实践成果呈现在书中，彰显了本书的特色。同时，感谢黄志君老师及韦伟燕、黄妹、何艳梅、谢廷娴、灰馨彤、黄欣欣、黄玉琪、陈雪婷、葛香莲、张婷、阮乐瑜、廖琪、詹梦玲、郑胜钊等同学的大力支持。

由于编者水平有限，加之时间仓促，书中不免存在不足之处，恳请广大师生批评指正。

编　者

2019年2月

目　录

项目一

化妆基础知识

任务一　化妆的概念及分类

任务目标

本次任务旨在让学生理解化妆的概念，并熟悉化妆的分类。

任务描述

要完成一个出色的化妆造型，首先要了解化妆的概念及分类，本次任务主要学习化妆的造型分类，下面让我们一起去了解它们。

一、知识准备

（一）化妆的概念

狭义：人们在日常社会活动中，化妆仅仅指面部的修饰。

广义：化妆就是根据不同的目的和要求，对人物进行整体的造型风格设计，利用化妆材料与化妆技法来修饰、美化或者改善人的容貌，实现个人对美的追求以及适应特殊场合的一种手段。

（二）化妆的分类

化妆造型大体上可以分为两类，即生活类化妆和艺术类化妆。

1.生活类化妆造型

生活类化妆造型是最常见的一种化妆造型门类，可以分出很多妆型类别。

（1）日常化妆造型

日常化妆造型也就是一般概念上的日妆、生活妆，是生活中应用最广泛的妆型，此化妆造型要求自然、本色，化妆手法要求精致，不留痕迹，造型自然，一般用于日光及柔和的灯光下（图1-1-1）。

图1-1-1　生活妆

（2）晚妆化妆造型

晚妆化妆造型是一种用于夜晚、较强的灯光下和气氛隆重的场合的化妆造型方式，相对于日妆的化妆造型其妆容会用色更加大胆，结构感会更强，造型会更加端庄、大气、隆重。

（3）职业妆容造型

职业妆容是应用于职场的职业女性化妆造型。化妆是职场社交的一种礼仪，职业妆容造型根据职业女性的工作特点、工作环境的不同而有所区别。

2.艺术类化妆造型

艺术类化妆造型主要以表演或展示为目的，塑造各种影视、舞台、展示会等特定场合的人物造型和角色，主要包括新娘化妆造型、影视化妆造型、主持人化妆造型、舞台化妆造型、影楼化妆造型、戏曲化妆造型、创意化妆造型等。

（1）新娘化妆造型

新娘妆可以是婚礼上的造型，也可以是影楼里摄影时的造型，在T台秀中也很常见。新娘妆一般分为韩式新娘妆、日系新娘妆、欧式新娘妆，还有近年时兴的森系新娘妆（图1-1-2）。

（2）影视化妆造型

影视化妆是通过化妆的手段，塑造剧中人物性格、年龄、身份、职业、遭遇、命运等特征。

（3）主持人化妆造型

主持人一般分为新闻节目主持人、综艺节目主持人、访谈节目主持人等。主持人的化妆造型根据节目的不同会有所区别，如新闻节目主持人的妆容比较端庄，综艺节目主持人的造型比较时尚。

图1-1-2　新娘妆

（4）舞台化妆造型

舞台化妆是用于舞台表演的妆容，常见于各类化妆比赛、走秀、舞台表演等，如烟熏妆，眼部的妆容处理通过叠色递进的方法产生朦胧迷离的妆感，近些年在时尚大片的拍摄、T台秀场等场合，烟熏妆都占有重要位置。

（5）影楼化妆造型

影楼化妆是摄影与化妆两大艺术的统一体，是一门年轻的艺术。影楼化妆造型因为服装以及客户群体的不同可分为多个门类。

① 白纱化妆造型

白纱化妆造型服装为白色婚纱，通常妆容相对比较淡雅，一般分为高贵、可爱、浪漫等风格，是影楼拍摄中的重要组成部分。

② 晚宴化妆造型

晚宴化妆造型相对于白纱化妆造型用色更大胆、丰富，造型更

图1-1-3　晚宴妆

富于变化，表现力更强，这些都与服装的色彩和款式是密不可分的（图1-1-3、图1-1-4）。

图1-1-4　晚宴妆

③ 特色服饰化妆造型

特色服饰化妆造型一般包括唐汉宫廷服、格格服、秀禾服、旗袍、和服、韩服等，特色服饰在婚纱照中起到点缀作用，其中白纱和晚礼服占的比重相对较大（图1-1-5）。

（6）戏曲化妆造型

戏曲化妆造型就是塑造戏曲表演中的人物形象，如京剧中的花旦、老生、花脸等。戏曲化妆的人物形象一般都有固定的模式，在很多方面都须遵循相关的规定（图1-1-6）。

图1-1-5 特色服饰妆

图1-1-6 戏曲妆

（7）创意化妆造型

创意化妆指在化妆的过程中把更多的外界元素渗入妆面以形成更好的效果，从而使妆容达到一种创新的化妆概念与境界（图1-1-7）。

（a）

（b）

图1-1-7　创意妆

二、任务实施

1.教师准备好5份测试题。

2.将学生分为5组，每组选1名组长，组织组员合作完成以下任务（表1-1-1）。

请根据所学知识完成以下问题，完成后参照考核评价表进行评比，题目如下：

（1）什么是化妆？

（2）T台秀、主持人妆、贵妃妆、印度妆、创意妆、新娘妆、晚宴妆分别属于哪一类型的妆容？

表1-1-1　化妆的概念及分类任务评价表

评价内容	内　容	分　值	学生自评	小组互评	教师评分
完成情况	准备工作	10			
	能准确说出化妆的概念	30			
	能准确说出化妆的分类	50			

（续表）

评价内容	内　容	分　值	学生自评	小组互评	教师评分
职业素质	团队合作	5			
学习纪律	遵守纪律	5			

三、任务拓展

1.化妆分为几类？分别包含哪些妆容？

2.上网收集T台秀、主持人妆、贵妃妆、印度妆、创意妆、新娘妆、晚宴妆图片，并上传到班级QQ群里。

任务二 化妆品的认识和选择

任务目标

本次任务旨在让学生熟悉各种彩妆化妆品，并懂得如何选择与使用。

任务描述

要完成一个出色的化妆造型，离不开化妆品和化妆工具，本次任务主要学习化妆师常用的彩妆用品，分为底妆系列、眼妆系列、唇妆系列，下面让我们一起去认识它们。

一、知识准备

（一）底妆系列

粉底是最常用的美化肌肤的化妆品，集调整肤色、遮盖瑕疵、美白防晒、控油保温于一体，粉底可以增加化妆品的黏着性，使妆面持久。另外，通过使用粉底的深浅明暗对比，可以体现面部轮廓和增加立体感，常见的粉底分为以下几类。

1.粉底膏

粉底膏油脂含量高，优点是遮瑕效果比较好，缺点是处理不好就会显得比较厚重。不同品牌粉底膏的品质也存在很大差别，它的细腻程度对妆面的质感有很大影响（图1-2-1）。

2.粉底液

粉底液含有油脂和水分，便于涂抹，与粉底膏相比，粉底液更加细腻、轻薄，效果真实自然，可以更好地贴合皮肤，表现出清透的皮肤质感（图1-2-2）。

3.蜜粉

蜜粉俗称定妆粉，又名散粉，一般都含精细的滑石粉，有吸收面部多余油脂、减少面部油光的作用，可调整肤色、遮瑕，令妆容看上去更为柔和，更为持久、柔滑、细致，呈现出一种朦胧的美态，并可防止脱妆。蜜粉的色号很多，如粉嫩色、透明色、深肤色、象牙白、小麦色等，我们应根据肤色的需求选择适合的蜜粉（图1-2-3）。

4.BB霜

BB霜，是Blemish Balm的简称，其中混有粉底液，主要作用是遮瑕、调整肤色、防晒，使毛孔细致，能打造出裸妆效果，BB霜的质感介于粉底膏与粉底液之间（图1-2-4）。

图1-2-1 粉底膏

图1-2-2 粉底液

图1-2-3 蜜粉

图1-2-4 BB霜

5.粉饼

粉饼同样具有定妆的作用，与蜜粉相比，粉饼定妆一般会看上去比较厚重。粉饼适合对局部进行补妆。

（二）眼妆系列

眼妆在妆面中占有很重要的位置，用来处理眼妆的产品也相对较多。

1.眼影

（1）亚光眼影

亚光眼影为没有加闪粉的眼影，亚光光泽度小，没有亮片，与珠光眼影相比更贴合肌肤，不容易飞粉。亚光眼影的色彩饱合度较高，极易上色，比较自然。大部分的眼妆都是以亚光眼影为主要材料，色彩多样（图1-2-5）。

（2）珠光眼影

珠光眼影具有丰富的光泽感，尤其是它自带闪光的效果，非常适合参加晚会使用。珠光眼影一般粉末形式的比较多，主要用来表现有特点的眼妆，或者与亚光眼影相结合使用（图1-2-6）。

（3）眼影膏

眼影膏里面含有一定油脂成分，亲肤感强，但不便于修改（图1-2-7）。

图1-2-5 亚光眼影

图1-2-6 珠光眼影

图1-2-7 眼影膏

2.眼线

眼线用于调整和修饰眼部轮廓，增加眼睛神采。主要分为眼线笔、眼线液、眼线膏三种。

（1）眼线笔：外形类似铅笔，可使用特制的卷笔刀或小刀去除多余木质部分，改善笔头的粗细。黑色较常用，妆感自然，但笔芯较硬，要小心描画（图1-2-8）。

（2）眼线液：液体状，描画柔滑流畅易上色，但不易修改（图1-2-9）。

（3）眼线膏：含有油脂的膏状眼线用品，色彩浓重质感表现力强，妆效比眼线液还要长久、自然，不易脱妆，可搭配眼线刷使用（图1-2-10）。

图1-2-8　眼线笔　　　　　图1-2-9　眼线液　　　　　图1-2-10　眼线膏

◆选择小提示

眼线笔使用时容易把控，适合初学者，但其缺点是易晕妆；眼线液易上色，但操作难度大，需要具备一定的绘画功底；眼线膏比眼线笔好操作，适合表现较浓的妆容，要配备一支专用的眼线刷。要选择色彩饱和、容易上色而又不易脱妆的眼线类产品。

3.睫毛系列

（1）睫毛膏

睫毛膏的效果比较多样，分为浓密型、纤长型、自然型。根据妆容的需求来选择适合的睫毛膏，比较常用的为黑色和深棕色，也有彩色的睫毛膏，用于比较有创意感的妆容（图1-2-11）。

（2）假睫毛

假睫毛主要使眼妆的效果更立体，眼睛更漂

图1-2-11　睫毛膏

亮，一般分为浓密型、自然型、妩媚型、创意型；材质一般有毛发材质、纤维材质，也有用羽毛等特殊材质制作的假睫毛（图1-2-12）。

4.眉毛系列

（1）眉粉

眉粉一般有灰色、深棕、浅棕等色彩，用眉粉刷描画于眉毛上，主要用来处理眉毛的深浅和宽窄（图1-2-13）。

（2）眉笔

眉笔一般有深棕、浅棕、灰色、黑色等色彩，如表现眉毛的线条感用眉笔会更适合（图1-2-14）。

（三）唇妆系列

1.唇膏、唇彩、唇蜜

唇部彩妆品能修饰唇形，加强唇部色彩及立体感，具有改善唇色，调整、滋润及营养唇部的作用。唇妆系列一般分为唇膏、唇彩、唇蜜。

（1）唇膏

唇膏也叫口红，呈固体状，附着力强，颜色饱和。唇膏按其形状划分，有棒状唇膏和软膏状唇膏（图1-2-15）。

（2）唇彩

唇彩是略带色彩的半透明黏稠液体或薄体膏状，富含各类高度滋润油脂，所含蜡质及色彩颜料少，晶亮剔透，滋润轻薄。上色后使双唇湿润饱满生动，尤其在追求特殊装扮效果时表现突出，但较易脱妆（图1-2-16）。

图1-2-12　假睫毛

图1-2-13　眉粉

图1-2-14　眉笔

图1-2-15　棒状唇膏和软膏状唇膏

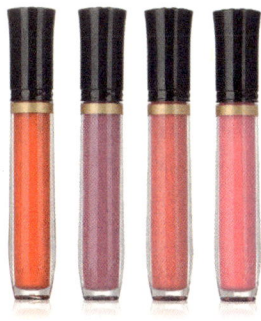

图1-2-16　唇彩

（3）唇蜜

唇蜜最为水亮，透明度高，但是遮盖力较差，适用于淡妆、透明妆或裸妆。

◆选择小提示

选择唇部彩妆品时除考虑颜色外，其延展性也很重要，棒状唇膏易于携带，软膏状唇膏可以随意进行颜色调配，是专业化妆师的首选。

2.唇线笔

唇线笔外形如铅笔，芯质较软，色彩以红色调为主，能清晰地勾勒出唇部的轮廓线。

（四）卸妆系列

卸妆系列包括洗面奶、卸妆油（图1-2-17、图1-2-18）。

图1-2-17　洗面奶

图1-2-18　卸妆油

二、任务实施

1.教师准备好所有彩妆化妆品，随机将化妆品分为5份。

2.将学生分为5组，每组选1名组长，组织组员合作完成以下任务，完成后参照考核评价表进行评比（表1-2-1）。请根据所学知识说出化妆品的名称及用途并准确分类。

表1-2-1　化妆品的名称及用途任务评价表

评价内容	内　容	分　值	学生自评	小组互评	教师评分
完成情况	准备工作	10			
	能准确说出化妆品的名称	30			
	能说出化妆品的用途	30			
	能准确分类	20			
职业素质	团队合作	5			
学习纪律	遵守纪律	5			

三、任务拓展

1.常用的彩妆化妆品有哪些？它们的用途是什么？

2.简述口红、唇彩、唇蜜的区别。

3.请用课余时间上网收集国际品牌及国内品牌的专业彩妆用品，并制成简介上传到班级QQ群里。

任务三 化妆工具的认识

任务目标

本次任务旨在让学生熟悉各种化妆工具，并懂得如何选择与使用化妆工具。

任务描述

要完成一个出色的化妆造型，离不开化妆品和化妆工具，本次任务主要介绍化妆师常用的化妆工具，下面让我们一起去认识它们。

一、知识准备

化妆工具包括专业化妆工具和辅助化妆工具。

（一）专业化妆工具

1.化妆海绵

化妆海绵是涂抹粉底用的专业工具。它分为两种，一种是有孔的海绵，一般为圆形片状，是用来涂膏状（粉底膏）的；另一种是没有孔的高密度海绵，有椭圆形片状、菱形块状等，是用来涂液状（粉底液）的。一般应选择质地柔软、有弹性、密度大的产品（图1-3-1）。

（a）
（b）

图1-3-1 化妆海绵

2.化妆干粉扑

化妆干粉扑是用来上蜜粉即定妆粉的，也可作化妆时避免弄花妆面的手勾衬垫（图1-3-2）。

3.睫毛胶水

睫毛胶水可以用来黏贴假睫毛，也可以用来黏贴水钻等装饰物（图1-3-3）。

4.美目贴

美目贴用来黏贴双眼皮的褶皱线，以矫正眼形，一般剪成月牙形，也可以剪成小段式用于局部黏贴（图1-3-4）。

5.睫毛夹

睫毛夹是使睫毛卷曲上翘的工具（图1-3-5）。

6.美容剪刀

美容剪刀可用于修剪眉毛或剪美目贴、假睫毛等（图1-3-6）。

7.眉钳（眉刀）

眉钳是修眉毛的工具之一，用于拔除多余的眉毛（图1-3-7）。

8.修眉刀

修眉刀用于修整眉形及去除多余的眉毛（图1-3-8）。

图1-3-2　化妆干粉扑　　　图1-3-3　睫毛胶水　　　图1-3-4　美目贴　　　图1-3-5　睫毛夹

 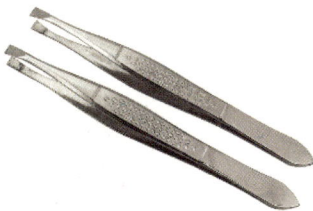 

图1-3-6　美容剪刀　　　　图1-3-7　眉钳　　　　图1-3-8　修眉刀

9.化妆套刷（图1-3-9）

图1-3-9　化妆套刷

（1）散粉刷：扁平或圆形大刷笔，用于刷散粉定妆。

（2）亮粉刷：用于T区和框外缘，小面积提亮部位。

（3）轮廓刷：涂抹阴影色。

（4）眼影刷：扁平小笔刷，用于刷影粉；另有一种海绵棒式，用于调整眼部细微结构上的眼影。

（5）胭脂刷：刷笔毛比较软且厚，用于刷腮红。

（6）唇　刷：用于涂唇膏。

（7）眉　刷：刷毛坚硬，扁平排列，用于刷眉粉等。

（8）眼线刷：尖头笔刷，形如毛笔，笔尖细而硬，用于蘸取油彩或眼线液描画眼线。

（9）鼻影刷：刷笔略粗，用于刷鼻影色。

（10）眉　剪：修眉毛的工具之一，用于修剪过长的眉毛。

（11）眉　梳：精细的小梳，用于梳理杂乱的眉毛，也可以用于梳睫毛。

（二）辅助化妆工具

常为化妆棉签、卸妆棉、纸巾等（图1-3-10）。

图1-3-10　化妆棉签、卸妆棉

二、任务实施

1.教师准备好所有彩妆化妆工具,将化妆工具随机分为5份。

2.将学生分为5组,每组选1名组长,组织组员合作完成以下任务,完成后参照考核评价表进行评比(表1-3-1)。请根据所学知识说出化妆工具的名称及用途并准确分类。

表1-3-1 化妆工具名称及用途任务评价表

评价内容	内　　容	分　　值	学生自评	小组互评	教师评分
完成情况	准备工作	10			
	能准确说出化妆工具名称	30			
	能说出化妆工具的用途	30			
	化妆刷的选择	20			
职业素质	团队合作	5			
学习纪律	遵守纪律	5			

三、任务拓展

1.化妆工具包含哪些物品?

2.化妆套刷包含哪些物品?

3.化妆套刷是极为重要的化妆工具,请用课余时间上网收集资料,了解化妆套刷中圆头的和扁头的毛刷在涂眼影的时候有什么不同。

任务四　化妆程序及卸妆步骤

任务目标

本次任务旨在让学生了解化妆的基本程序及卸妆的步骤，学会规范化的化妆及卸妆操作手法。

任务描述

卸妆是清洁皮肤的第一步，洁面、蒸面、去角质和爽肤使洁肤更彻底，化妆师必须熟练掌握这些基本操作方法，为顾客提供有效的皮肤护理服务。

一、知识准备

（一）化妆程序

化妆的正确步骤如下。

1.基础护理：洁面—爽肤水—润肤露

化妆前首先要清洁面部，洗完脸后要拍爽肤水以及涂润肤露，做好基础护肤工作很重要，这也是妆面是否服帖的关键。

2.基本打底：妆前乳—隔离霜

在基本打底的阶段，建议大家选择一款质地较厚、较润肤的妆前乳，无论是油性皮肤还是干性皮肤都是如此，这样妆容才能够更服帖而不会浮粉。

3.底妆：粉底液（粉底膏）—散粉或蜜粉

粉底液主要是为了调和肤色能够使妆容显得轻薄；粉底膏则可以比较好地遮瑕。上完粉底液或粉底膏后，就可以用蜜粉或者散粉定妆。

4.眼部：眼影—眼线—眼睫毛

在眼部的化妆方面，首先要涂眼影，之后就要画眼线了，这时眼妆基本就完成了。

5.眼睫毛的处理

先用睫毛夹夹一下眼睫毛，然后涂上一层睫毛膏，如果是淡妆，这一步就足够了，不用贴假眼睫毛；如果是浓妆，在完成上面的步骤之后，把假眼睫毛修剪好后贴上，再用睫毛膏把真假两层睫毛刷一遍，眼妆就完成了。

6.高光—暗影—画眉—腮红—唇膏

高光的处理主要是在T区，暗影主要是在外轮廓，接着是上腮红。这里需要注意的是，腮红要根据顾客的脸型来涂，有团式、斜扫、横扫三种技法。

双眉的部分要选择适合自己的眉笔颜色，如果本身浓眉，一般不需要再画眉，可以用棕色的眉粉去调和一下。

唇部的妆容略为简单，先涂抹润唇膏，接着描唇线，最后上唇膏。

（二）卸妆步骤

顾客面部有彩妆时要用卸妆产品进行卸妆，而不能用洗面奶代替卸妆产品。若顾客脸部彩妆较浓，可在此基础上用洁面霜再对面部进行全面深入的清洁，从而使面部皮肤更加清新、洁净。

面部皮肤卸妆的顺序：睫毛—眼线—眼影—眉—唇—腮红—粉底。

面部皮肤卸妆的步骤如下。

1.清除睫毛膏及眼线

（1）将两块消毒棉片对折，分别横放在顾客下眼睑睫毛根处，让顾客闭上双眼（图1-4-1）。

（2）左手按住棉片，右手用蘸有卸妆液的棉签，顺着睫毛生长的方向由睫毛根部往外刷，将睫毛膏推到棉片上，清除睫毛上的睫毛膏（图1-4-2）。

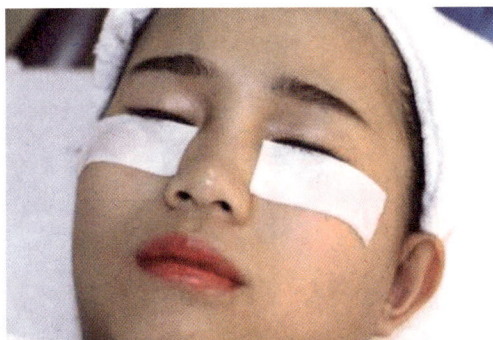

图1-4-1　放消毒棉片　　　　　　　　图1-4-2　清除睫毛膏

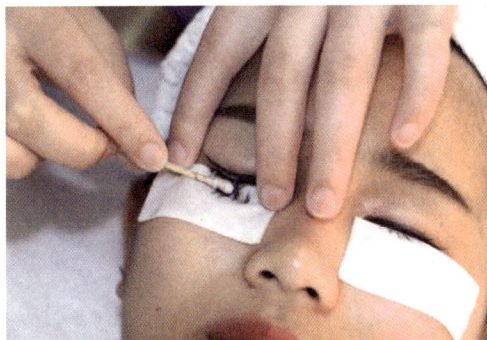

（3）更换新棉签，蘸少许卸妆液，将上眼皮往上提，让眼线部位充分暴露，从内眼角向外眼角平拉，清洗上眼线（图1-4-3）。

（4）撤去沾有污物的棉片，并请顾客睁开双眼。

（5）一手将下眼皮略向下拉，用蘸有卸妆液的棉签，从内眼角向外眼角平拉，清洗下眼线。

2.清除眼睑、眉部彩妆

将两块蘸有卸妆液的棉片盖住眼部、眉部，轻轻揉压，由内向外拉抹，清洁眼部和眉部，再用棉片反面重复以上手法（图1-4-4）。

3.清除口红

将蘸有卸妆液的棉片放在嘴唇上稍做润泽，左手按住嘴角稍向左边拉紧，展开唇部皱纹，右手持棉片从左至右拉抹，如未干净则换另一面（图1-4-5）。

4.清除腮红、粉底

（1）双手各持一片涂有卸妆水的棉片，指尖朝向下颌方向，从鼻侧轻轻拉抹向双颊两侧，清除腮红（图1-4-6）。

（2）按额头、鼻子、颊部、口周的顺序逐一清除粉底（图1-4-7）。

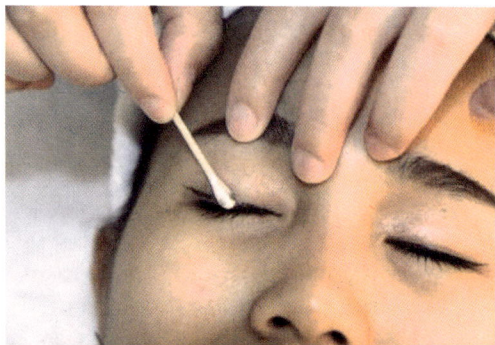

图1-4-3　清除眼线

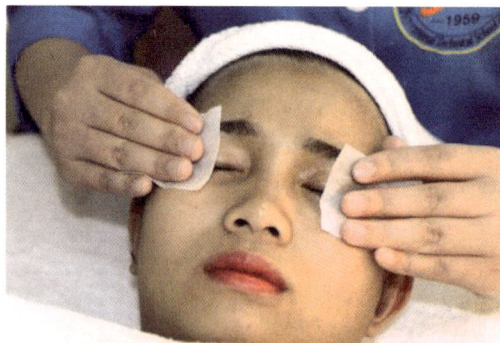

图1-4-4　清除眼睑、眉部彩妆

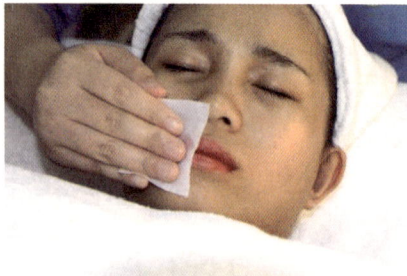

图1-4-5　清除口红

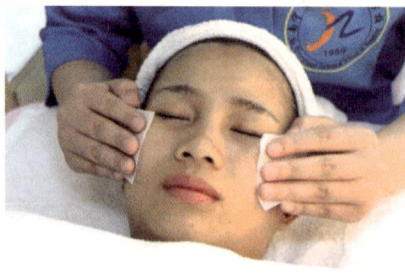

图1-4-6　清除双颊粉底

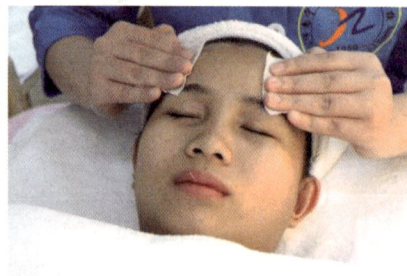

图1-4-7　清除额头粉底

二、任务实施

学生两人一组相互练习，完成基础妆面及卸妆任务。完成后参照考核评价表进行评比（表1-4-1）。

表1-4-1　化妆程序及卸妆步骤任务评价表

评价内容	内　容	分　值	学生自评	小组互评	教师评分
完成情况	准备工作	10			
	正确掌握化妆的基本程序	50			
	正确掌握卸妆的步骤	30			
职业素质	团队合作	5			
学习纪律	遵守纪律	5			

三、任务拓展

1.化妆的步骤是什么？

2.卸妆的步骤有哪些？

3.请大家在课后时间，两人为一组对练化妆，并将化妆的作品拍照上传至班级QQ群里，老师在QQ群里查阅大家的化妆作品并给予指导。

项目二

发型基础

任务一　造型工具的认识

任务目标

本次任务旨在让学生熟悉各种造型工具，并懂得如何选择与使用造型工具。

任务描述

要完成一个出色的造型，离不开造型工具，本次任务主要介绍造型师常用的造型工具，分为梳类、发夹类、电卷棒、电夹板、定型产品等，下面让我们一起去认识它们。

一、知识准备

盘发工具的种类按使用用途的不同分为以下几种。

（一）梳类

1.包发梳：一般由塑料梳齿和鬃毛梳齿组成，用于梳理秀发表面纹理（图2-1-1）。

2.尖尾梳：尖尾梳是最常用的造型工具之一，主要用于发型分区，可倒梳头发（图2-1-2）。

  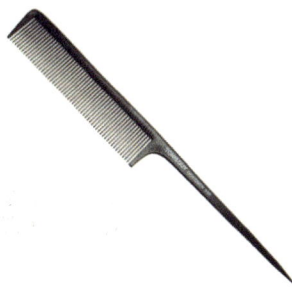

a塑料梳齿　　　　　b鬃毛梳齿　　　　　图2-1-2　尖尾梳

图2-1-1

3.排骨梳、滚梳：头发倒梳后，用排骨梳比较容易疏通（图2-1-3）。滚梳一般搭配吹风机来处理造型（图2-1-4）。

4.气垫梳：用于梳理及整理大波浪发型，可使发卷呈现自然蓬松的卷曲纹理（图2-1-5）。

图2-1-3　排骨梳　　　　　　图2-1-4　滚梳　　　　　　图2-1-5　气垫梳

（二）发夹类

1.带齿鸭嘴夹：用于固定发区较多的头发（图2-1-6）。

2.平面鸭嘴夹：用于固定发区或暂时固定波纹头发及头发线条（图2-1-7）。

图2-1-6　带齿鸭嘴夹　　　　　　图2-1-7　平面鸭嘴夹

3.发夹：(钢卡)用于固定头发（图2-1-8）。

4.U形夹：用于固定造型较高的头发或连接底部较蓬松的头发（图2-1-9）。

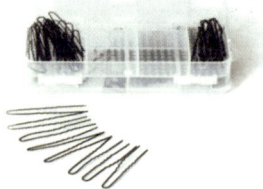

图2-1-8　发夹　　　　　　图2-1-9　U形夹

（三）电卷棒

电卷棒有粗细之分，用于夹卷头发，使头发更加自然，更具动感（图2-1-10）。

（四）电夹板

电夹板分为直夹板和玉米烫等。直夹板用于将头发拉直或做出自然外翘、内扣效果（图2-1-11）；玉米烫可将头发做成玉米须的效果，增加发量，易于造型（图2-1-12）。

图2-1-10 电卷棒   图2-1-11 直夹板   图2-1-12 玉米烫

（五）电吹风

电吹风用于吹干头发及做造型时使用（图2-1-13）。

（六）定型产品

1.发胶：用于固定头发，保持发型持久（图2-1-14）。

2.啫喱膏：用于固定头发，使发丝易于梳理（图2-1-15）。

图2-1-13 电吹风   图2-1-14 发胶   图2-1-15 啫喱膏

3.发泥：它是一种头发的定型用品，如同发蜡一样，能够固定发型并使头发亮丽有光泽，是一种改良的发胶。它的特点是不油腻，容易清洗不容易招灰，塑型效果持久（图2-1-16）。

4.发蜡棒：发蜡棒的作用与啫喱膏类似，只是没有啫喱膏亮而反光，色泽比较自然（图2-1-17）。

（七）橡皮筋

用于将头发固定在所需位置（图2-1-18）。

图2-1-16 发泥

图2-1-17 发蜡棒

图2-1-18 橡皮筋

二、任务实施

1.教师准备好所有造型工具，随机将准备好的物品分为5份。

2.将学生分为5组，每组选1位组长，组织组员合作完成以下任务，完成后参照考核评价表进行评比（表2-1-1）。

请根据所学知识说出造型工具的名称及用途并准确分类。

表2-1-1 造型工具认识任务评价表

评价内容	内　容	分　值	学生自评	小组互评	教师评分
完成情况	准备工作	10			
	能准确说出造型工具名称	30			
	能说出造型工具的用途	30			
	能准确分类	20			
职业素质	团队合作	5			
学习纪律	遵守纪律	5			

三、任务拓展

1.电卷棒一般有哪些尺寸？不同尺寸烫出来的头发卷度有何区别？

2.请大家上网收集国内外知名品牌的专用造型电吹风，并把图片上传到班级QQ群。

任务二　造型分区

任务目标

本次任务旨在让学生熟悉各种造型分区的方法，并懂得各分区在造型中的作用。

任务描述

要完成一个出色的造型，造型分区很重要，在做造型前就应该确定好如何分区，这样才能让我们的造型更加接近自己预想的效果。造型的分区一般分为刘海区、侧发区、顶区和后发区，每个分区都有自己的作用，现在让我们一起来学习如何分区。

一、知识准备

（一）发型分区

1.发型中的分区比较广泛，这里主要介绍我们通用的4大分区，即刘海区、顶区、后发区、侧发区（重点设计区在顶区、后发区、侧发区），造型分区的位置如图2-2-1所示。

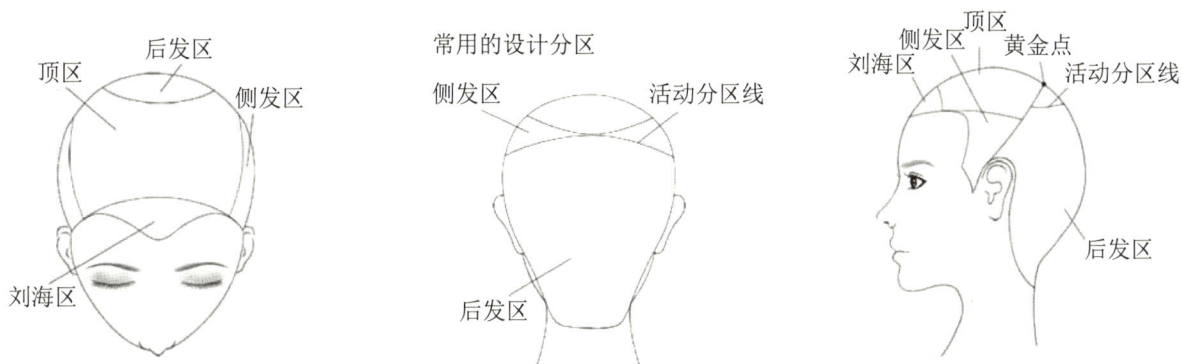

图2-2-1　造型分区的位置

2.常见顶区分区方法

这种是最常规的顶区分法，分为顶区横线分区法及顶区直线分区法（图2-2-2、图2-2-3）。

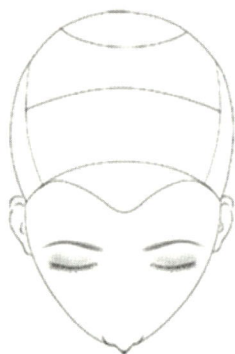

图2-2-2　顶区横线分区法　　　　　　图2-2-3　顶区直线分区法

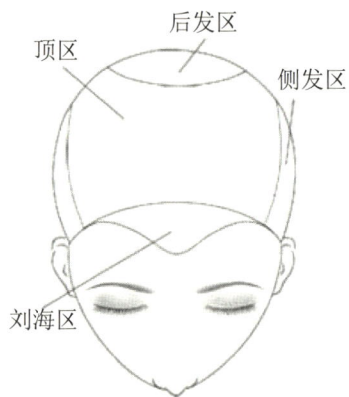

3.后区的分区方法

后区中分：后面可以起到固定的作用，适合中长发或者长头发，这种分区较多地用来包发（图2-2-4）。

"Z"字分区：这种后区的分区比较适合短发。要把分区结合轮廓以及各种手法，这样才能设计出来一个比较好的造型（图2-2-5）。

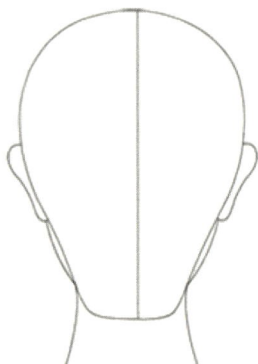

图2-2-4　后区中分　　　　　　图2-2-5　"Z"字分区

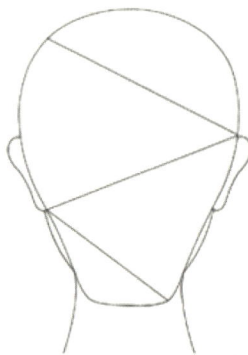

（二）发型轮廓

下面我们介绍设计发型常见的大体轮廓，这样有助于发型的设计。

左右对称形：适合任何一种脸形，可以通过发型的长短来烘托和修饰脸形，头发的轮廓要比脸大（图2-2-6）。

半圆形轮廓：这是一个比较常用的轮廓，很多发型都是以这个为基础，不论是生活妆还是晚宴妆都用得比较多，这种轮廓有拉长脸形的作用（图2-2-7）。

大小对比形：这样的轮廓比较活泼，随意性比较强，对脸形没有太大的要求（图2-2-8）。

图2-2-6　左右对称形　　　　图2-2-7　半圆形轮廓　　　　图2-2-8　大小对比形

以上是基本的轮廓，下面介绍几种侧面的轮廓。

前后渐增对称式：这种轮廓适合任何脸形，尤其是针对脸形较大的顾客，可以通过增加脸部两边的头发，具有压缩脸形的作用（图2-2-9）。

侧面椭圆形轮廓：这种轮廓由于顶部高，所以可拉长脸形（图2-2-10）。

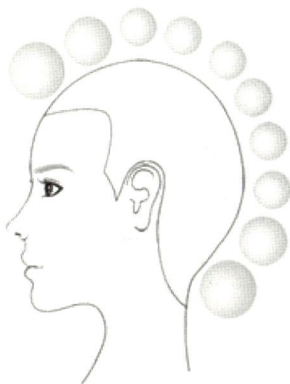

图2-2-9　前后渐增对称式　　　　图2-2-10　侧面椭圆形轮廓

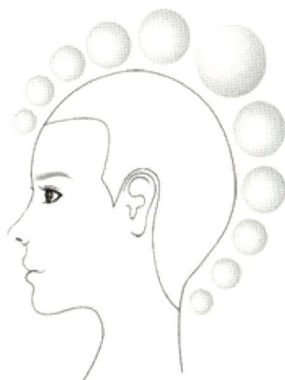

（三）各发区设计原则和要点

1.设计原则

（1）刘海区

刘海区的分法比较多样，一般有"中分""三七分""二八分"……用于修饰额头，遮盖前额不足及调整脸形。若额头较窄，则刘海区可分得宽些，将刘海在额头两侧打毛，使发根蓬松饱满，从而在视觉上拉宽额头；若额头较短，可把刘海区分得高些，以内轮廓线遮盖发际线，从而在视觉上拉长额头。在一些造型设计中，刘海区也可以与两侧区或顶区的发丝结合，做一些大结构的设计。刘海区的面积一般呈现三角形或者弧形结构。

（2）侧发区

侧发区一般分在耳上点或耳后点，根据需要的发量来决定分区的位置。侧发区的头发用于弥补头部和脸形宽窄、肥瘦的不足，可以修饰发型的饱满度。

（3）顶区

顶区是盘发的焦点，可把其他几个区融为一个整体。顶区的头发主要用来为造型做支撑以及增加造型的高度等，也起到修饰造型轮廓的作用。顶区的高低、大小受脸形长短的影响。造型重点较高时，顶区应略大；造型重点在后侧时，顶区应向下移至枕骨部位。顶区一般会分出一个比较流畅的弧形（图2-2-11）。

（4）后发区

分好之前几个区域的头发，剩下的就是后发区。后发区的头发主要用来修饰枕骨部位的饱满度。后发区是很多造型设计的重点位置（图2-2-12）。

2.分区的要点

（1）刘海区：用来修饰改变脸形。

（2）顶区：造型的主要区域。

（3）两侧区：修饰脸形。

（4）后区：一个固定点。

（5）四六分：在内眼角的正上方，适合长脸、圆脸。

（6）三七分：平视前方黑眼球外侧向上分区，适合线条较硬的脸形。

图2-2-11　顶区　　　图2-2-12　后发区

（7）二八分：比较时尚，可以修饰长脸形及外眼角垂直向上区域。

（8）中分：适合标准脸形，是垂直眉心向上的区域。

（四）造型分区中几个重要点的运用

造型分区中，通常是运用点与点的连线来进行分区，知道了点的正确位置和名称，在进行造型分区时才能更好地把握。常用的点有中心点、顶点、黄金点、耳点（也称耳上点）、耳后点（图2-2-13）。

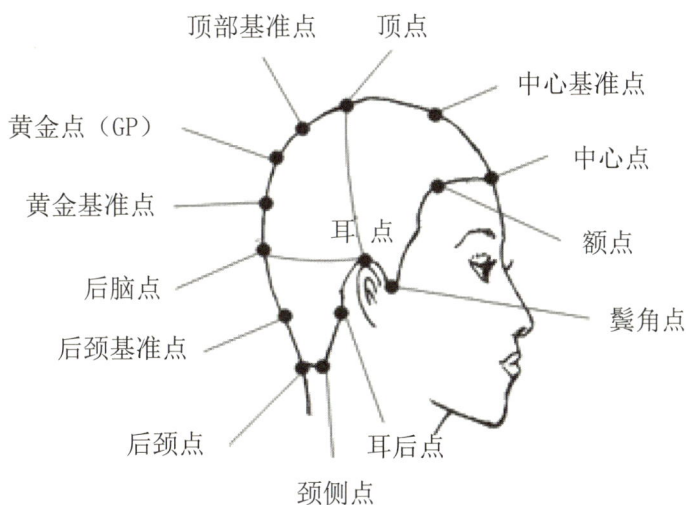

图2-2-13　造型分区的点

二、任务实施

1.教师准备好盘发用的头模，每位学生1个。

2.将学生分为5组，每组选1位组长，组织组员合作完成以下任务，完成后参照考核评价表进行评比（表2-2-1）。

（1）学生在头模上练习4个分区；学会找黄金点、顶点、耳上点、耳后点。

（2）学生在头模上练习顶区的两种分区方法。

（3）学生在头模上练习后区的两种分区方法。

表2-2-1　课内造型分区任务评价表

评价内容	内　　容	分　值	学生自评	小组互评	教师评分
完成情况	准备工作	10			
	能准确分出4个区	30			

（续表）

评价内容	内　容	分　值	学生自评	小组互评	教师评分
完成情况	能说出每个区的作用	30			
	能准确找出耳上点、顶点、黄金点	5			
	能熟练进行顶区横线分区、顶区直线分区	15			
职业素质	团队合作	5			
学习纪律	遵守纪律	5			

三、任务拓展

请同学们对照分区考核标准，利用课外时间在头模上进行练习（表2-2-2），并把练习的作品拍照上传到班级QQ群里。

（1）在头模上练习4个分区；学会找黄金点、顶点、耳上点、耳后点。

（2）在头模上练习顶区的两种分区方法。

（3）在头模上练习后区的两种分区方法。

表2-2-2　课外造型分区任务评价表

评价内容	内　容	分　值	学生自评	教师评分
完成情况	能准确分出4个区	20		
	能说出每个区的作用	30		
	能准确找出耳上点、顶点、黄金点	25		
	能熟练进行顶区横线分区、顶区直线分区	25		

任务三 造型基本手法——扎马尾

任务目标

本次任务旨在让学生熟悉扎马尾的基本手法，并懂得如何根据造型需要灵活运用造型手法。

任务描述

要懂得灵活扎马尾，这样才能让造型更加接近自己预想的效果。

一、知识准备

（一）扎马尾的概论

扎马尾在生活中很常见，在T台秀中也经常运用，它是很多造型的基础。

（二）扎马尾的工具

橡皮筋、发夹、排骨梳、包发梳。

（三）扎马尾的要点

注意每个面的整洁度和梳发时的张力，梳四个面时用大拇指压紧头发，在黄金点扎好。

（四）扎马尾的作用

收紧脸侧，体现清晰干净的面部轮廓，制造支点。

（五）扎马尾的具体操作手法

图2-3-1

①将所有的头发用排骨梳向后梳理

图2-3-2	②用包发梳把头发表面梳光滑，并不断地梳往顶部，聚拢头发
图2-3-3	③用一字夹夹着两根橡皮筋，并把橡皮筋套在小拇指上
图2-3-4	④将橡皮筋逆时针绕一圈后，把夹子穿过橡皮筋
图2-3-5	⑤顺时针绕两圈橡皮筋
图2-3-6	⑥把发夹插入头发固定

 图2-3-7	⑦将马尾的头发一分为二，向发根处提拉，使马尾更紧实
 图2-3-8	⑧完成正面造型
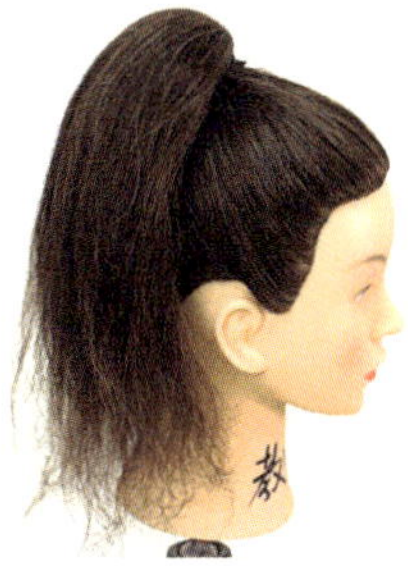 图2-3-9	⑨完成侧面造型
 图2-3-10	⑩完成背面造型

二、任务实施

每位学生在规定的时间内完成扎高马尾的任务，完成后参照考核评价表进行评比（表2-3-1）。

表2-3-1　课内造型扎马尾任务评价表

评价内容	内　　容	分　　值	学生自评	小组互评	教师评分
完成情况	准备工作	10			
	能正确使用橡皮筋扎马尾	20			
	马尾扎得紧实，表面光滑、匀称	40			
	整体造型干净、整洁	20			
职业素质	团队合作	5			
学习纪律	遵守纪律	5			

三、任务拓展

请同学们课外在头模上练习扎高马尾，完成后参照下方的考核评价表进行评比（表2-3-2）。

表2-3-2　课外造型扎马尾任务评价表

评价内容	内　　容	分　　值	学生自评	教师评分
完成情况	能正确使用橡皮筋扎马尾	30		
	马尾扎得紧实，表面光滑、匀称	50		
	整体造型干净、整洁	20		

任务四　造型基本手法——倒梳

任务目标

本次任务旨在让学生掌握倒梳的概念及各种技法。

任务描述

倒梳是进行发型设计造型的基础，也是基本功，在很多盘发造型中需要通过倒梳头发使整个造型看起来比较饱满，需要同学们熟练掌握各种倒梳的技法，并根据需要进行梳理打毛。

一、知识准备

（一）倒梳的概念

倒梳也叫打毛、刮蓬，是从发梢梳向发根的造型手法。基本手法是用手提拉发片、抓住发梢，用密梳从发梢往发根部梳，梳出蓬松的效果，使头发看起来比较饱满。

（二）倒梳的工具

长短齿梳、尖尾梳。

（三）倒梳的作用

1.使头发更蓬松饱满，增加发量。

2.使发丝相连。

3.改变发丝原来的生长方向。

4.易于造型。

（四）倒梳的操作技法

1.将头发梳顺（图2-4-1）。

图2-4-1　梳顺头发

2.分出一片发片，一只手将分好的头发抓住，抓起的头发与头部垂直成90°角（图2-4-2）。

图2-4-2 取发片

3.尖尾梳与发片垂直（图2-4-3）。

图2-4-3 尖尾梳与发片垂直

4.从发梢开始均匀地用力往发根处梳理头发（图2-4-4）。

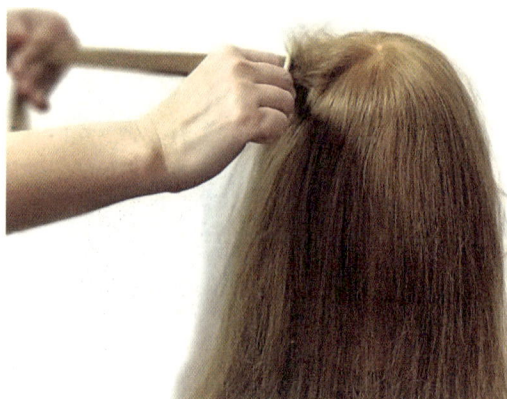

图2-4-4 反向梳理头发

（五）倒梳的种类

1.长削。

2.中削。

3.短削。

4.推削。

5.压削。

6.内层削。

7.发片连接削。

（六）倒梳的具体操作手法

1.从发尾往发根倒梳，叫作长削（图2-4-5）。

图2-4-5　长削

2.从发梢到发尾的1/2的地方往发根梳，叫作中削（图2-4-6）。

图2-4-6　中削

3.从靠近发根的1/3处往发根梳，叫作短削（图2-4-7）。

图2-4-7　短削

4.用梳子从上往下压头发，叫作压削（图2-4-8）。

图2-4-8　压削

5.用梳子从根部开始往里推发根，叫作推削（图2-4-9）。

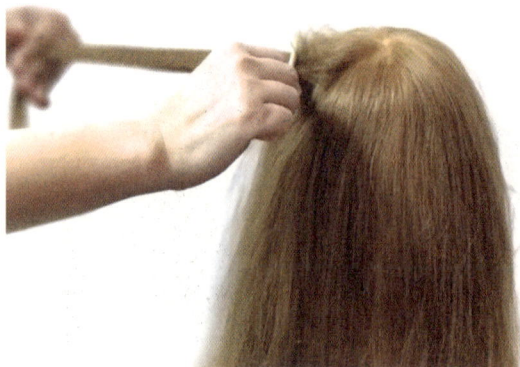

图2-4-9　推削

6.用梳子分出发片，先削里面第1片头发，从发根开始点削，削后再与第2片头发连在一块一起削（用梳子梳光表面），这种削法叫作发片连接削。

（七）倒梳手法示范

 图2-4-10	①先将所有头发扎马尾，然后从中取一发片
 图2-4-11	②用尖尾梳将发片从发梢处用长倒梳手法梳理
 图2-4-12	③重复以上手法，直至把所有头发打毛
 图2-4-13	④打毛后的侧面效果

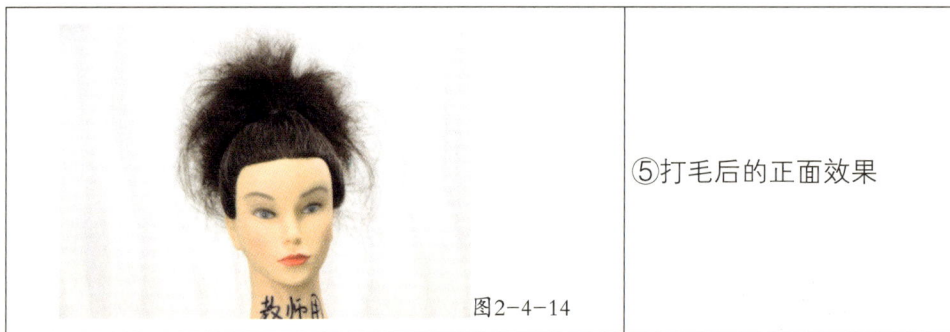

⑤打毛后的正面效果

图2-4-14

二、任务实施

每位学生在规定的时间内完成倒梳任务，完成后参照考核评价表进行评比（表2-4-1）。

表2-4-1　倒梳造型任务评价表

评价内容	内　容	分　值	学生自评	小组互评	教师评分
完成情况	准备工作	15			
	长削手法正确	15			
	短削手法正确	15			
	中削手法正确	15			
	推削手法正确	15			
	压削手法正确	15			
职业素质	团队合作	5			
学习纪律	遵守纪律	5			

三、任务拓展

1.倒梳的手法有哪些?不同的倒梳手法效果有什么区别?

2.请大家利用课余时间在头模上练习倒梳手法，同时学习并模仿在头模上做顶包造型（图2-4-15）。

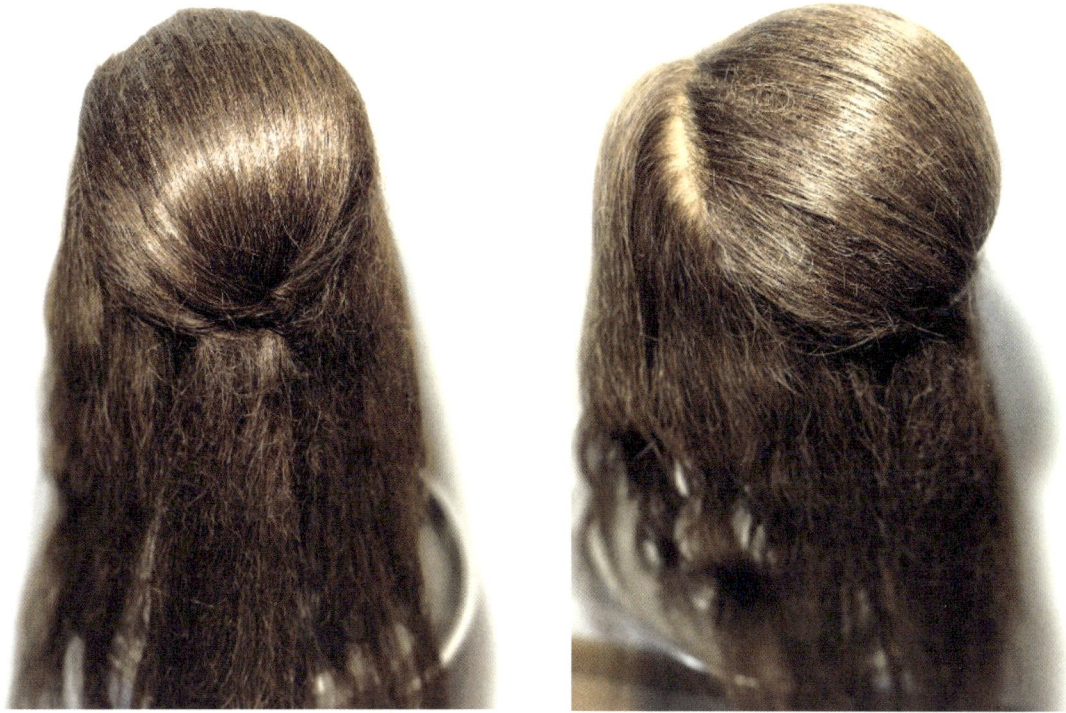

图2-4-15 顶包造型

任务五　造型基本手法——三股辫编发

任务目标

本次任务旨在让学生掌握正三股辫、反三股辫的编发技法。

任务描述

三股辫在编发造型中经常使用，同时三股辫也是打造田园风格的常用手法，而四股辫、五股辫也是从中演绎出来的，所以学好三股辫很重要，现在让我们一起来学习。

一、知识准备

（一）三股辫的概念

三股辫也叫麻花辫，是打造田园风格造型的代表，同时与其他造型手法结合在一起，可变化出不同的造型。

（二）编辫的要点

1.编发前，可以在手上涂抹发蜡来减少碎发，使辫子编得比较干净、整齐。

2.分发片时可以用食指、中指、无名指三根手指均匀分发片，不均分发片会使辫子看起来不自然甚至歪歪扭扭。

3.编发时可根据需要来控制头发的松紧度，现在流行的森系或田园风格的造型很多都是把辫子拉松或拉丝，营造出一种随意、清新、慵懒的感觉。

（三）正三股辫与反三股辫的区别

正三股辫的编法都是从最左或最右的那股发片上分别压中间一股发片；反三股辫的编法都是最左或最右的那股发片从下分别往中间绕。正三股辫给人感觉比较平整；反三股辫的纹理比较突出，纹理感较强，一般较常见用于编非洲辫。

（四）三股辫的具体操作手法

1.正三股辫

 图2-5-1	①将发片平均分为三等份
 图2-5-2	②将A股发片压在B股发片的上面
 图2-5-3	③将C股发片压在A股发片的上面
 图2-5-4	④继续重复以上手法，直至编完

 图2-5-5	⑤完成正三股辫造型

2.反三股辫

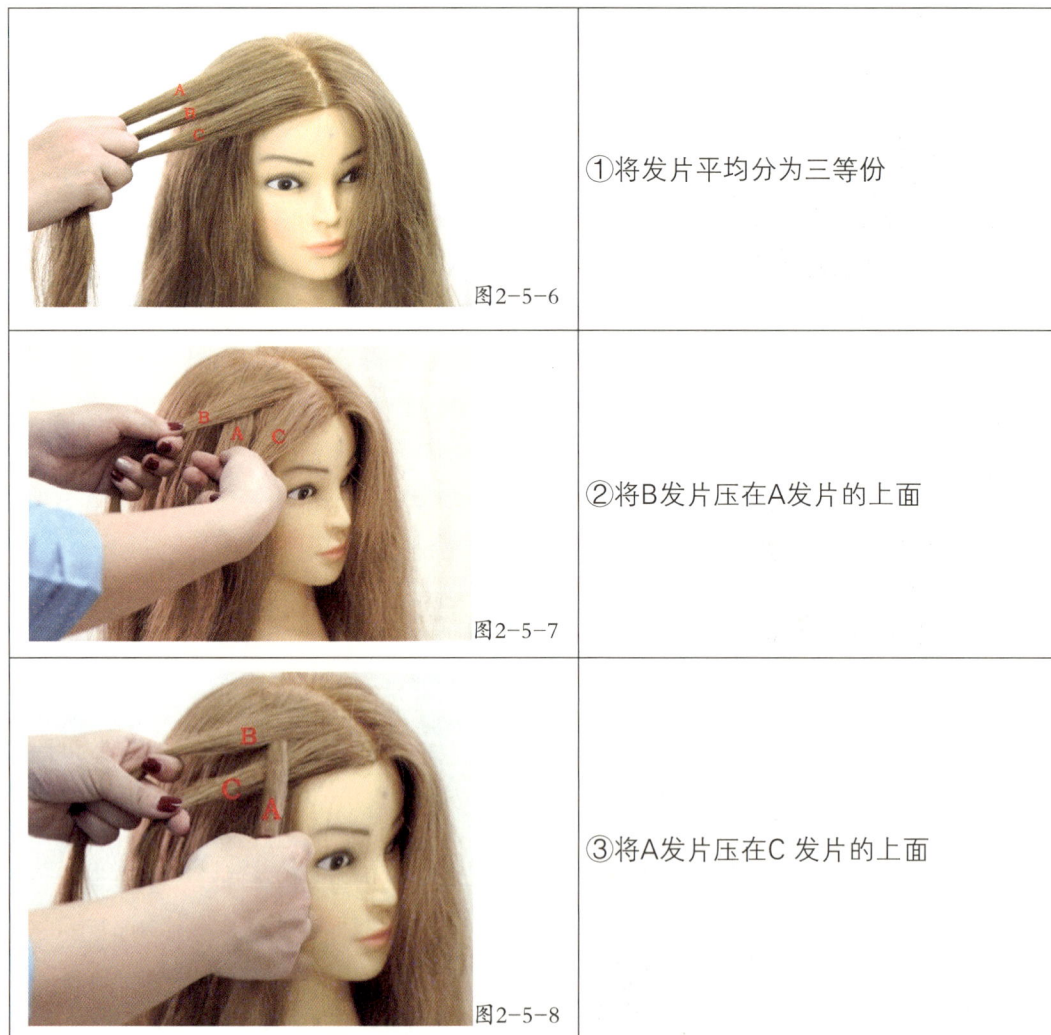

图2-5-6	①将发片平均分为三等份
图2-5-7	②将B发片压在A发片的上面
图2-5-8	③将A发片压在C发片的上面

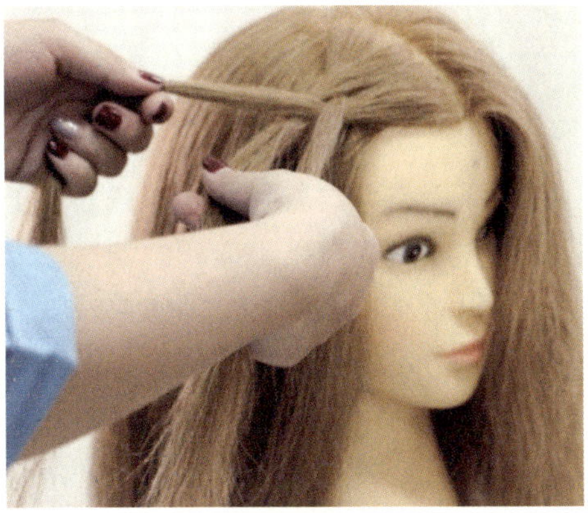

图2-5-9

④重复以上手法，记住外面两根发片始终是往中间发片的下面编

图2-5-10

⑤完成反三股辫造型

3.三股辫发型实例一

图2-5-11

时尚看点：这款长发麻花辫马尾编发发型彰显出十足的欧美风味，采用简约又随意慵懒的侧边马尾编发设计，在给人慵懒自然感觉的同时也不失时尚味道，而那清晰的三股麻花辫纹理，以及打造的蓬松感，都让整款造型更加的好看，突显欧美风格

4.三股辫发型实例二

	时尚看点：这款长发麻花辫马尾编发发型彰显出小清新的味道，间隔距离用发带扎个蝴蝶结，时尚感十足，而那清晰的三股麻花辫纹理，以及打造的蓬松感，都让整款造型更加的好看，展现年轻时尚的气质
图2-5-12	

5.三股辫发型实例三

图2-5-13	①将头发一分为二，先编两根正三股辫，将辫子拉松
图2-5-14	②将两根辫子分别用夹子固定在后脑勺处

③整理后，头发像一朵玫瑰花的造型

图2-5-15

二、任务实施

在规定时间内完成以下任务，完成后参照考核评价表进行评比（表2-5-1）。

（1）将头模分成4个区，分别在4个区编2条正三股辫和2条反三股辫。

（2）模仿三股辫示例，在30分钟完成三款造型。

表2-5-1　三股辫造型任务评价表

评价内容	内　容	分　值	学生自评	小组互评	教师评分
完成情况	准备工作	10			
	正三股辫手法正确	20			
	反三股辫手法正确	20			
	三款造型正确使用三股辫手法	40			
职业素质	团队合作	5			
学习纪律	遵守纪律	5			

三、任务拓展

1.上网搜集包含三股辫手法的发型图片，并发到班级QQ群里。

2.请利用三股辫手法设计三款不同的编发造型。

任务六 造型基本手法——三股续发

任务目标

本次任务旨在让学生掌握三股单续、三股双续的编发技法。

任务描述

三股续发的手法在编发造型中经常使用，在韩式造型、欧式造型中，常用三股单续的手法结合盘发技巧做出时尚大气的造型。常见的蜈蚣辫就是运用三股双续的手法。它是一款兼具复古与时尚的编发发型，一款优雅的蜈蚣辫发型能让顾客的气质迅速提升，现在让我们一起来学习。

一、知识准备

（一）三股续发的概述

三股单续，就是在三股辫的基础上不断单边加入一股头发一起编的手法。

三股双续，也称"蜈蚣辫"，就是在编三股辫的基础上分别在左右两边不断加入一股头发一起编的手法。

（二）三股续发的要点

先取少量头发平均分成三股，按普通麻花辫的方法编一次，然后再另取一股发片并入三股辫的最左或最右股，始终保持三股头发，以此类推，不断按三股辫的先后顺序续编完。

（三）三股续发的操作手法

1.三股单续手法及造型实例

①用三根手指把发片分为均匀的三等份（图2-6-1）。

图2-6-1 把发片分三等份

② 将A发片压在B发片的上面（图2-6-2）。

图2-6-2 A发片压B发片

③将 C发片压在A发片的上面（图2-6-3）。

图2-6-3 C发片压A发片

④从最外边取一发片加入A发片中，继续编正三股辫（图2-6-4）。

图2-6-4 A发片加其他发片续编

⑤将C发片压在A发片的上边，注意C发片不加其他发片（图2-6-5）。

图2-6-5　C发片压A发片

⑥重复以上手法不断往下编，编到耳后就不用加发片了，继续用三股辫的手法编完这根辫子（图2-6-6）。

图2-6-6　完成一边效果

⑦用同样手法，在右边刘海区分三等分发片；用三股单续手法编头模右边的辫子，注意每次加发片都是从最外边加，从耳后用三股辫手法编完右边的辫子（图2-6-7）。

图2-6-7　完成另一边效果

⑧将发尾打毛，使辫子不易松散（图2-6-8）。

图2-6-8 将发尾打毛

⑨两边辫子交叉固定在后脑勺处，用一字夹固定（图2-6-9）。

图2-6-9 固定辫子在脑后

⑩把发尾处烫卷，完成整体造型（图2-6-10）。

图2-6-10 烫卷发尾，完成整体造型

2.三股双续手法及造型实例

 图2-6-11	①用排骨梳把头发梳理通顺
 图2-6-12	②在头顶取U形发片
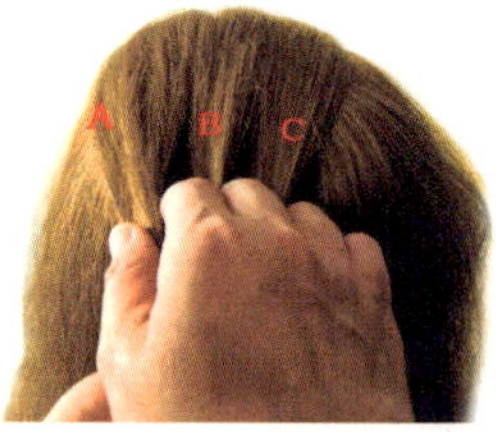 图2-6-13	③用食指、中指、无名指将头发分三等份
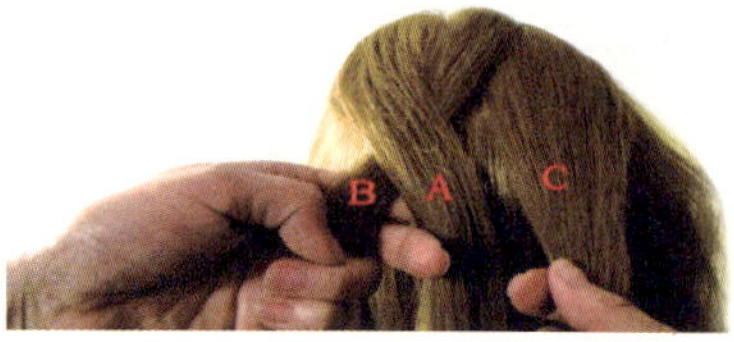 图2-6-14	④将A发片压在B发片的上面

图2-6-15

⑤将C发片压在A发片的上面

图2-6-16

⑥从左侧取一股头发与A头发合并

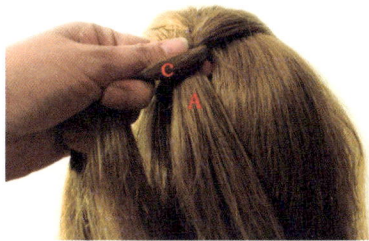

图9-6-17

⑦将C发片压在合并后的A发片上面

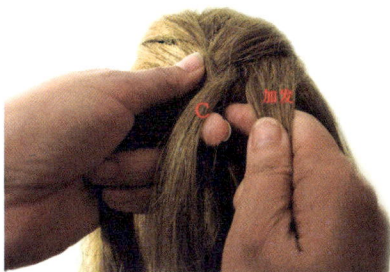

图2-6-18

⑧从右侧取一股头发与C发片合并

图2-6-19

⑨重复以上手法不断往下编，编到下边没有头发续加的时候就采取三股辫不加发的手法继续往下编

⑩最后把发尾往上收，用夹子夹好，一款蜈蚣辫造型就完成了

图2-6-20

二、任务实施

学生在规定时间内完成三股单续、蜈蚣辫的造型，完成后参照考核评价表进行评比（表2-6-1）。

表2-6-1 三股辫发造型任务评价表

评价内容	内　容	分　值	学生自评	小组互评	教师评分
完成情况	准备工作	10			
	三股单续、双续编发手法正确	20			
	分发均匀，续发发片大小均匀	20			
	辫子松紧度合适，笔直、匀称	20			
完成情况	整体造型干净、整洁	20			
职业素质	团队合作	5			
学习纪律	遵守纪律	5			

三、知识拓展

非洲辫的编法，很多都是利用反三股辫加双续的手法编成的，请大家课后模仿非洲辫效果图编辫子（图2-6-21）。

图2-6-21　非洲辫效果图

任务七　造型基本手法——鱼骨辫

任务目标

本次任务旨在让学生掌握鱼骨辫的编发技法。

任务描述

鱼骨辫是很多年轻女性非常喜欢的一款时尚发型。在森系造型及田园风格的造型中非常常见，现在让我们一起来学习。

一、知识准备

（一）鱼骨辫的概念

鱼骨辫的样子看起来像鱼的骨头，因而得名，也称蝎子辫。鱼骨辫利用鱼骨的纹理，能够让发型看上去发量丰盈、质感十足。此外将鱼骨辫与盘发两者相结合，可以设计出更多优雅的发型。

（二）鱼骨辫的编发技巧

鱼骨辫的编发手法有许多种，下面介绍常见的两种。

1.编法一

（1）先将长发分为A股、B股两部分。

（2）再加入C股头发，而A股、B股要始终保持不动，需要不停地加发。

（3）注意，添加的C股头发是从A股、B股中挑出来的。

（4）这样一直加发、编发，鱼骨辫就完成了。

（5）鱼骨辫编好以后，在用手将发束拉松一下，会更加漂亮。

2.编法二

（1）先将头发分为四等份，然后将中间两股头发交叉，左右两股头发保持不动。

（2）从右边发束的外侧挑出一小束头发，将这束头发加入左边的发束中。

（3）从左边发束的外侧挑出一小束头发，将这束头发加入右边的发束中。

（4）重复（2）～（3）步骤，将头发左右编织到发尾即可。

（5）将发尾处用皮筋扎好，接着将鱼骨辫拉松散一些，制造出微微的凌乱感。

（三）鱼骨辫的编发要点

1.在左右两侧不断加入新的头发，取的发片越细，编出的造型越像鱼骨，造型就越漂亮。

2.编完后，把辫子拉松，可以营造出清新、随意、凌乱的感觉。

（四）鱼骨辫的具体操作手法

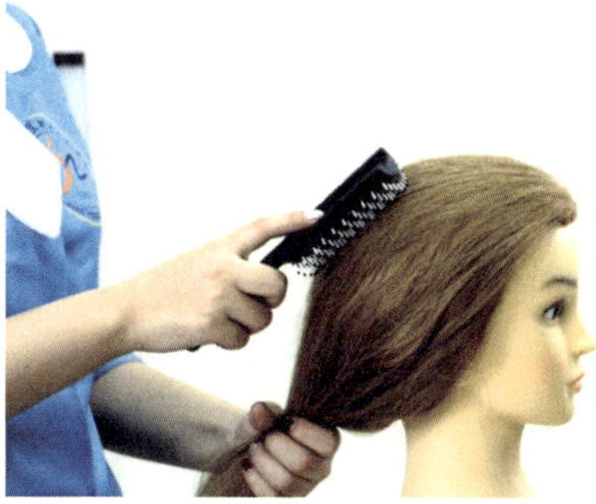 图2-7-1	①将头发梳顺
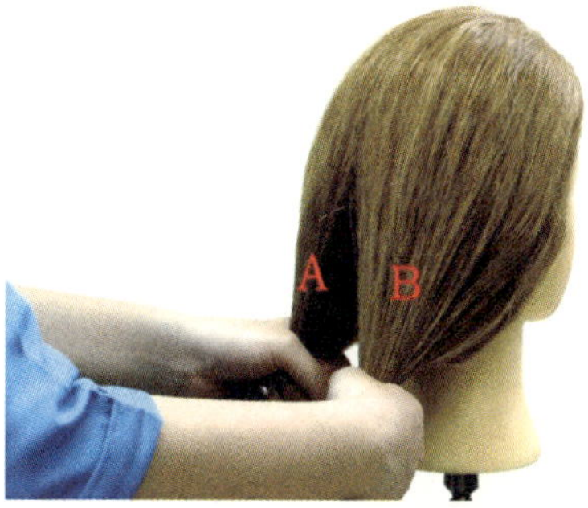 图2-7-2	②将头发分为A、B两股 发片
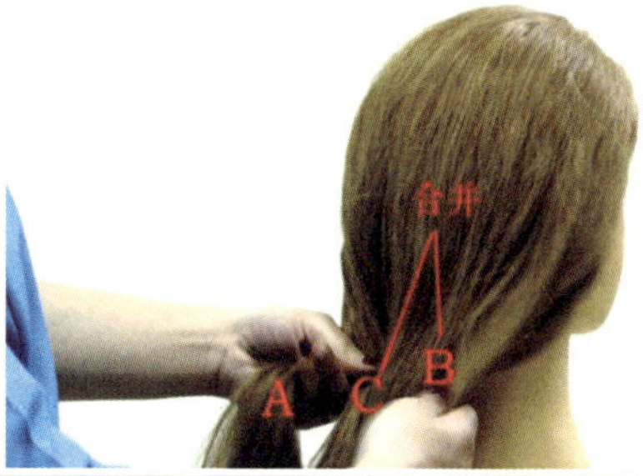 图2-7-3	③在A股发片的左边取一 小股发片C，将C股发片压 在A股发片之上并和B股发 片合并
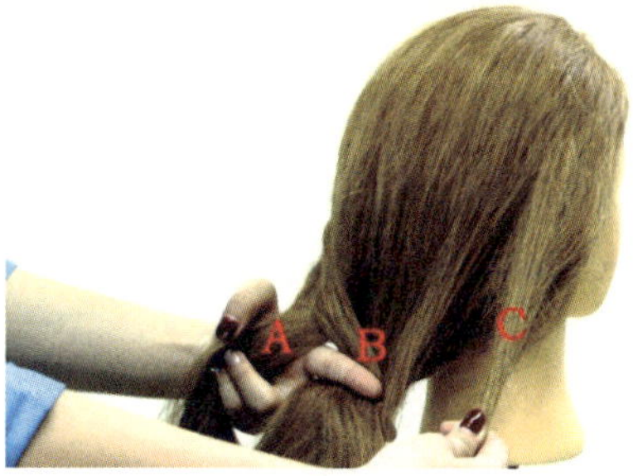 图2-7-4	④在B股发片旁取一股 发片C

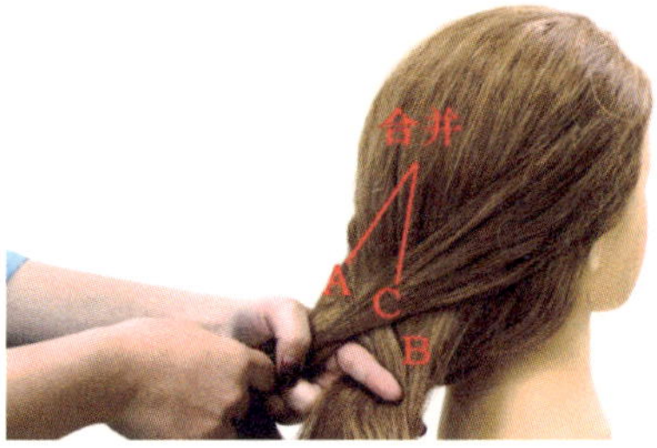 图2-7-5	⑤将分出的C股发片压在B股发片的上面并和A股发片合并
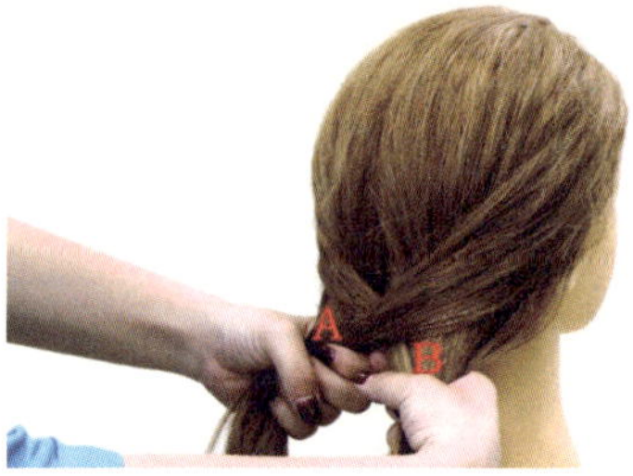 图2-7-6	⑥交叉合并后的效果
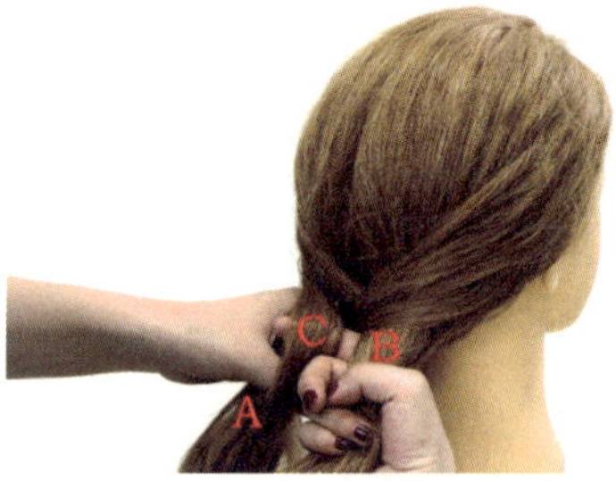 图2-7-7	⑦继续用相同的手法编辫
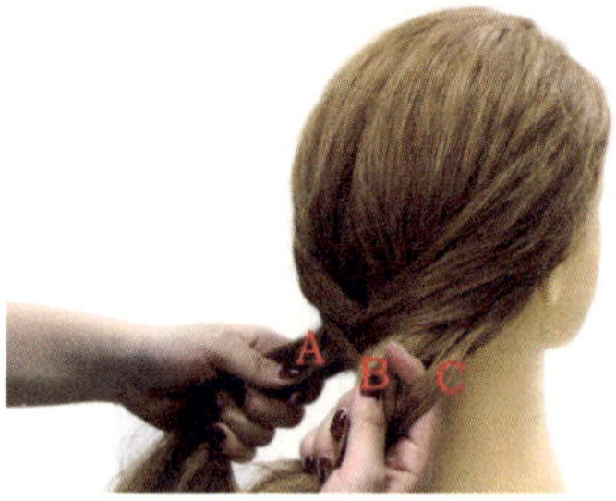 图2-7-8	⑧重复以上手法直至发尾
 图2-7-9	⑨完成鱼骨辫造型

二、任务实施

学生在规定时间内完成鱼骨辫的造型，完成后参照考核评价表进行评比（表2-7-1）。

表2-7-1　鱼骨辫造型任务评价表

评价内容	内　容	分　值	学生自评	小组互评	教师评分
	准备工作	10			
	编发手法正确	20			
完成情况	分发均匀，续发发片大小均匀	20			
	辫子松紧度合适，笔直、匀称	20			
	整体造型干净、整洁	20			
职业素质	团队合作	5			
学习纪律	遵守纪律	5			

三、任务拓展

1.请大家上网搜集利用鱼骨辫手法所做的造型图片。

2.请大家课后练习鱼骨辫，并利用鱼骨辫手法设计一款发型。

任务八　造型基本手法——四股辫、四股圆辫

任务目标

本次任务旨在让学生掌握四股辫及四股圆辫的编发技法。

任务描述

四股辫、四股圆辫是从三股辫中演绎出来的，现在让我们一起来学习。

一、知识准备

（一）四股辫、四股圆辫的概念

四股辫是指由四束头发缠绕而成的麻花辫造型，因此被称为四股辫或四股编发。四股圆辫也是由四束头发缠绕而成的麻花编造型，因为编出的辫子无论从哪个角度看都是圆形的，因此称为四股圆辫。

（二）四股辫的编发口诀

四股辫的编发口诀：先把头发分四股，然后1压2、3压1、1压4，再重复。

（三）四股辫的具体操作手法

 图2-8-1	①取一发片
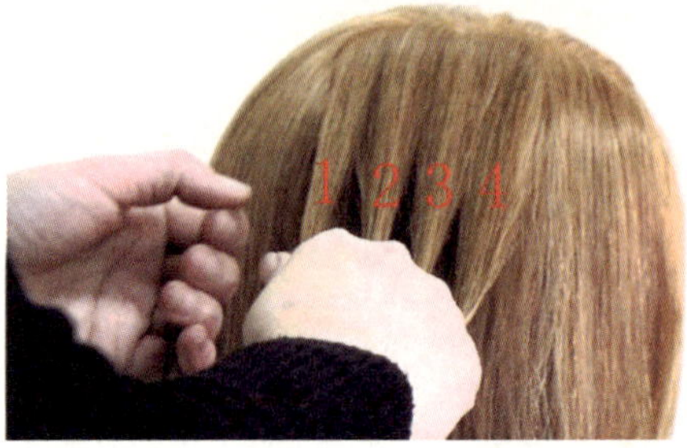 图2-8-2	②将发片分为均匀的四等份

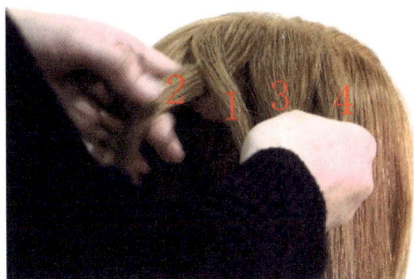

图2-8-3

③第1股发片压在第2股发片上面

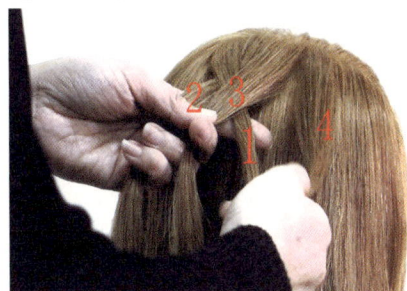

图2-8-4

④第3股发片压在第1股发片的上面，先编左边第1股、第2股、第3股

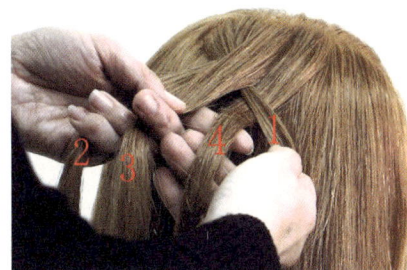

图2-8-5

⑤第4股发片从第1股发片的下面绕过，压在第1股发片的下面

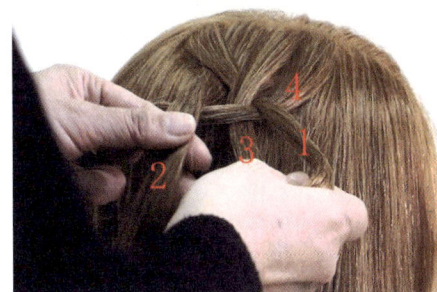

图2-8-6

⑥第2股发片压在第3股发片的上面，第4股发片压在第3股的上面

图2-8-7

⑦继续重复上面的步骤⑤⑥，直至编完

| 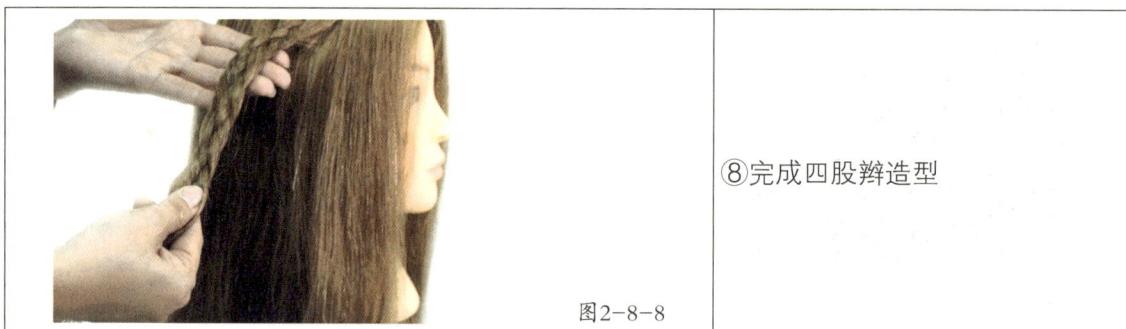 图2-8-8 | ⑧完成四股辫造型 |

（四）四股圆辫的具体操作手法

 图2-8-9	①取一发片
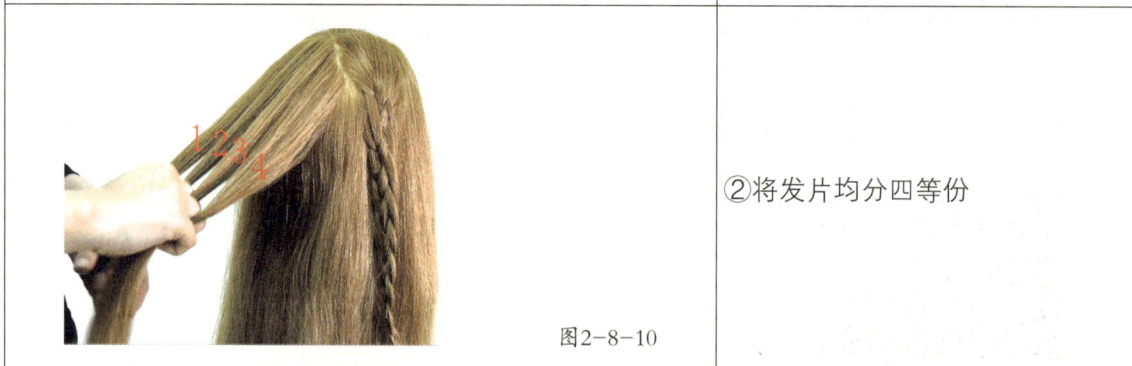 图2-8-10	②将发片均分四等份
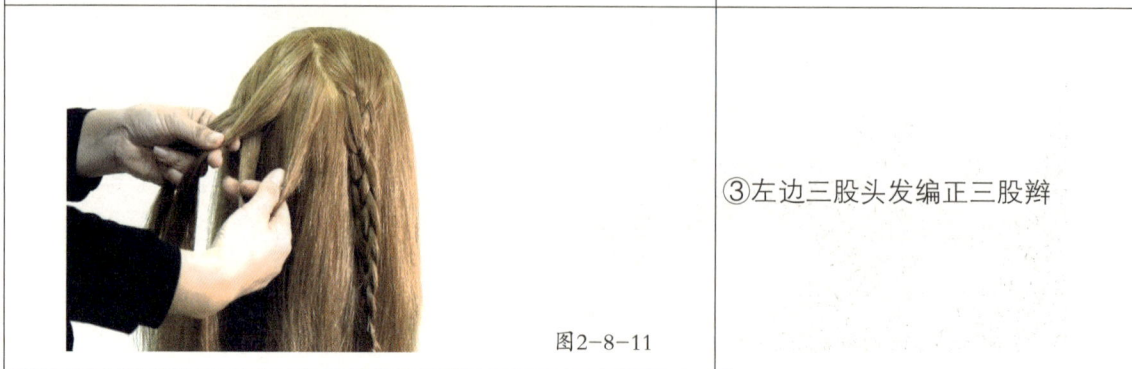 图2-8-11	③左边三股头发编正三股辫

 图2-8-12	④手指在第2股发片和第3股发片之间从上往下穿过，绕在第1股发片的后边
 图2-8-13	⑤取第4股发片
 图2-8-14	⑥将第4股发片从下往上压住中间的那股头发，也就是把第4股发片从第3股发片的左边往上压住
 图2-8-15	⑦从最右边的第1股发片和第4股发片的中间绕过第3股发片，在第3股发片的后面取第2股发片压在第4股发片的上面，继续左右交替直至编完
 四股圆辫　四股辫　图2-8-16	⑧完成四股圆辫造型

二、任务实施

学生在规定的时间内在头模上辫四条四股辫及四股圆辫，完成后参照考核评价表进行评比（表2-8-1）。

表2-8-1　四股辫、四股圆辫造型任务评价表

评价内容	内　容	分　值	学生自评	小组互评	教师评分
完成情况	准备工作	10			
	四股辫、四股圆辫编发手法正确	20			
	分发均匀、续发发片大小均匀	20			
	辫子松紧度合适，笔直、匀称	20			
	整体造型干净、整洁	20			
职业素质	团队合作	5			
学习纪律	遵守纪律	5			

三、任务拓展

请大家课后练习四股辫、四股圆辫，并利用四股辫、四股圆辫手法设计一款发型。

任务九　造型基本手法——包发

任务目标

本次任务旨在让学生掌握单包、双包、叠包的的技法。

任务描述

包发是盘发当中最常用的技法之一，多用于盘发的后发区，它能让后发区的头发显得更加饱满，经典发型"赫本头"运用的就是包发技巧，很多韩式、欧式新娘妆也运用包发技术，现在让我们一起来学习。

一、知识准备

（一）包发的概述

包发包括单包、双包、叠包，可以让头发显得饱满。在包发中用到了拧、扭的手法，现在新的包发技术经常与倒梳、编发、抽丝等技法配合形成新的表现形式，但基本技术点是一样的。

（二）包发的技术要点

1.在包发时，为了发型的饱满度，一般先倒梳，然后把表面梳光滑，再包发。

2.在固定包发时，注意隐藏发卡。

3.单包与双包的区别在于单包只进行一次拧发、扭发，双包是左右各进行一次拧发、扭发；叠包与双包都是两次包发，但叠包是一个包叠加在另一个包的上面。

（三）具体操作手法

1.单包

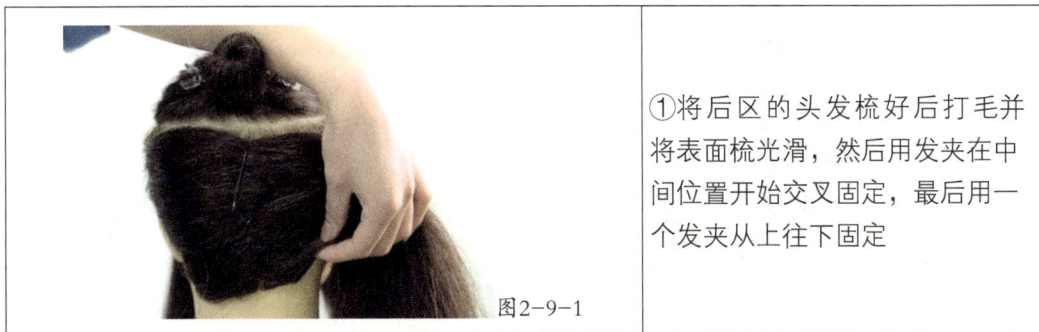

图2-9-1

①将后区的头发梳好后打毛并将表面梳光滑，然后用发夹在中间位置开始交叉固定，最后用一个发夹从上往下固定

 图2-9-2	②以食指为轴，将发夹右边的头发扭转，注意头发表面要光滑
 图2-9-3	③在手指的位置从上往下用第一个夹子固定头发
 图2-9-4	④从上往下用夹子将发缝固定
 图2-9-5	⑤完成单包造型

2.双包

图2-9-6	①将后发区头发一分为二，将左边头发打毛并把表面梳光滑
图2-9-7	②以左手食指为轴旋转头发并用夹子固定
图2-9-8	③以同样的手法，相反方向旋转头发并用夹子固定
图2-9-9	④完成双包造型

3.叠包

 图2-9-10	①将后发区头发一分为二，将左边头发打毛并把表面梳光滑，以左手食指为轴旋转头发
 图2-9-11	②从上往下在手指的位置用夹子固定头发
 图2-9-12	③把右区头发打毛并将最右侧头发表面梳光滑
 图2-9-13	④以食指为轴反方向旋转右区头发并叠加在左区头发上

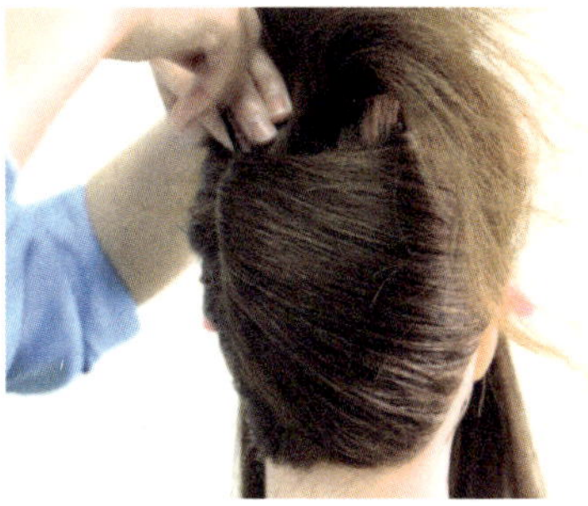 图2-9-14	⑤在手指的地方从上往下用夹子固定
 图2-9-15	⑥完成叠包造型

二、任务实施

学生在规定的时间内，在头模上练习包发，完成后参照考核评价表进行评比（表2-9-1）。

表2-9-1　包发造型任务评价表

评价内容	内　容	分　值	学生自评	小组互评	教师评分
完成情况	准备工作	10			
	倒梳手法正确	20			
	扭的手法正确	20			
	下夹子手法正确	20			
	整体造型干净、整洁	20			
职业素质	团队合作	5			
学习纪律	遵守纪律	5			

三、任务拓展

1.包发的时候如何做到让最外层发片表面光滑?

2.请大家上网搜集盘发造型图片。

3.请同学们利用课余时间进一步练习包发手法。

任务十　造型基本手法——扭绳技法

任务目标

本次任务旨在让学生掌握单股扭绳、二股扭绳、二股扭绳加单续的技法。

任务描述

扭转式的编发是近年来最流行的造型之一，不管是长发还是短发都可以打造扭转式的编发。常见的发型有单股扭绳及二股扭绳，在使用二股扭绳技法时，经常边扭边撕花，这样既有纹理感也有蓬松度，在森系、韩式、欧式新娘妆中也常运用，现在让我们一起来学习。

一、知识准备

（一）扭绳的概述

单股扭绳就是把一股头发朝同一个方向扭转的手法；二股扭绳就是把两股头发像拧麻绳一样松紧结合拧在一起的手法。单股拧绳造型显得比较时尚、干练，常用于拉拉操、健美操表演者的发型。二股扭绳手法在新娘妆、晚宴妆造型中常见。

（二）扭绳的技法要点

1.取的发片要大小均匀，这样扭出来的头发才有层次感。

2.发片要梳光滑，可以使用发蜡棒来减少碎发。

3.不管是单扭还是二股扭，扭发的方向要同向。

（三）扭绳的具体操作手法

1.单股扭绳

图2-10-1

①竖向取一股头发，长度约尖尾梳长度的一半。如果想让纹理感更强，可以将发片取细一点

 图2-10-2	②将发片向后提拉，做扭绳处理，并固定
 图2-10-3	③继续用相同的手法打造第二个扭绳
 图2-10-4	④不断地重复以上手法，直至顶区的头发拧完，用发蜡棒将碎发处理干净
 图2-10-5	⑤完成单股扭绳造型

2.二股扭绳

 图2-10-6	①梳顺头发
 图2-10-7	②取一发片，分为二等份
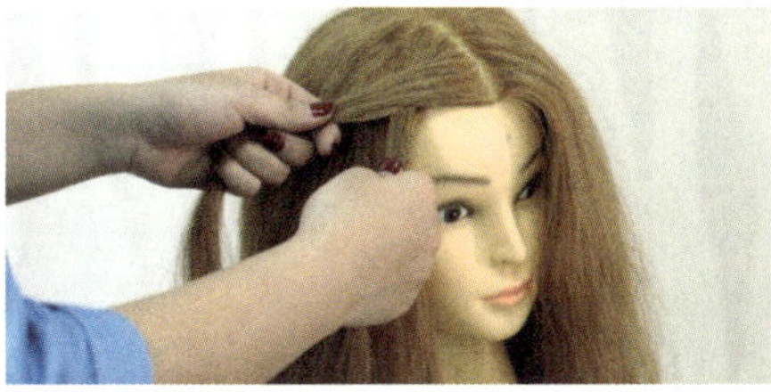 图2-10-8	③两股头发交叉
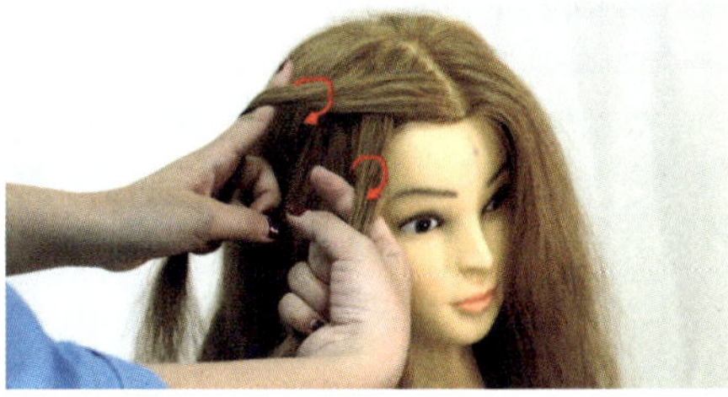 图2-10-9	④右手食指从外往里勾，左手食指从里往外勾，同向顺时针扭转头发
 图2-10-10	⑤把两股头发扭转后，再次交叉

 图2-10-11	⑥继续重复步骤④⑤，直至发尾
 图2-10-12	⑦完成二股扭绳造型

3.二股扭绳加单续

 图2-10-13	①取一发片
 图2-10-14	②将头发一分为二，分为A股、B股
 图2-10-15	③将B股发片压在A股发片的上面

图2-10-16

④在右边取一C股发片

图2-10-17

⑤将C股发片与B股发片合并

图2-10-18

⑥将A股发片与B股和C股发片交叉

图2-10-19

⑦继续在右边取一发片

图2-10-20

⑧不断重复以上手法，直至编到耳后

 图2-10-21	⑨在耳后位置,则采取二股扭绳不加发片的手法继续编,直至发尾
 图2-10-22	⑩将左右两边的辫子固定在后发区

二、任务实施

每位学生在规定的时间内在头模上完成二股扭绳及二股扭绳加单续,完成后参照考核评价表进行评比(表2-10-1)。

表2-10-1 扭绳造型任务评价表

评价内容	内 容	分 值	学生自评	小组互评	教师评分
完成情况	准备工作	10			
	二股扭绳手法正确	20			
	二股扭绳加单续发片大小均匀	20			
	辫子松紧度合适,笔直、匀称	20			
	整体造型干净、整洁	20			
职业素质	团队合作	5			
学习纪律	遵守纪律	5			

三、任务拓展

1.上网搜集有关二股扭绳造型图片。

2.课余时间进一步练习二股扭绳手法，并尝试做出图2-10-23所示的造型。

图2-10-23 二股扭绳造型图

任务十一　造型基本手法——手推波纹技法

任务目标

本次任务旨在让学生掌握手推波纹的技法。

任务描述

手推波纹是复古手法的主要表现元素之一，早在20世纪初，这款发型就曾风靡一时，时至今日，依然很多次被明星们在影视剧和秀场展示。手推波纹是对化妆师造型方面的一个高技巧的考验，更是许多造型师和新娘所青睐的发型手法之一。

一、知识准备

（一）手推波纹技法的简介

手推波纹其实是"Finger Waves"直译过来的发型名称，顾名思义，它的操作手法是借助发型师的手"推理"而成。早在20世纪二三十年代就风靡好莱坞，从三十年代开始，随着西方造型文化的进入，在上海盛行，与旗袍的美妙搭配，形成造型的经典，以流畅的线条、圆润的、饱满的美感带来妩媚的女人味，一直受中西方明星们的青睐。随着时代的发展，我们也可以先将刘海分片烫发，然后再做手推波纹造型，这样更加方便快捷。

（二）手推波纹技法的要点

1.注意烫发的重要性，刘海区与侧区的头发需竖向均匀地分片取发。

2.烫发时注意卷度要合适，保持头发蓬松自然。

3.手推波发片要光滑干净，不可出现凌乱、有碎发的现象，且波纹弧度和大小要合适。

4.固定时要与后区头发自然衔接，同时隐藏发尾与发卡。

（三）手推波纹技法的具体操作手法

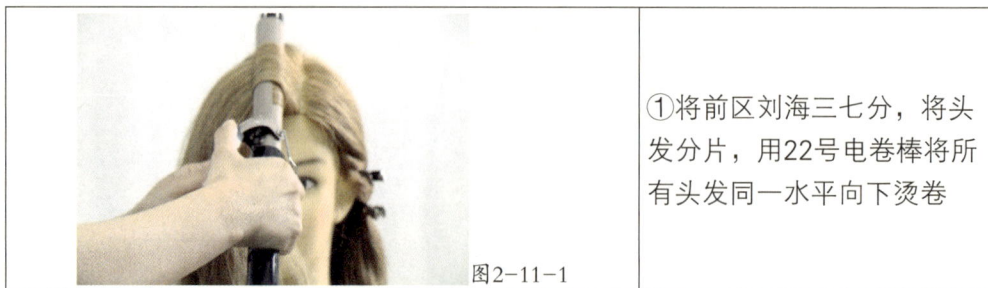

图2-11-1	①将前区刘海三七分，将头发分片，用22号电卷棒将所有头发同一水平向下烫卷

　图2-11-2	②取一发片，向前提拉，将其根部用鸭嘴夹固定
　图2-11-3	③将发片梳理干净后，用梳子和手向鸭嘴夹方向推出第一个波纹
　图2-11-4	④用两个鸭嘴夹固定发片
　图2-11-5	⑤将剩下的发片梳理干净
　图2-11-6	⑥用尖尾梳将发片往前推出第二个弧度，适当盖住额头

 图2-11-7	⑦用鸭嘴夹在手压处固定
 图2-11-8	⑧用尖尾梳往后推出下一个波纹并固定，注意推的时候是一前一后交替着推，直到推至发尾
 图2-11-9	⑨喷发胶定型
 图2-11-10	⑩可以用电吹风加热，使发胶快速定型，待发胶干后，取下鸭嘴夹
 图2-11-11	⑪完成手推波纹造型

（四）作品欣赏

| 图2-11-12　金格尔·罗杰斯 | 图2-11-13　玛丽莲·梦露 | 图2-11-14　周旋 | 图2-11-15　赵四小姐 |

时尚看点：这款发型充满着曲线美，表面光滑的手推波刘海整齐地贴在前额上，微弯的立体卷度让发丝的边缘呈现雕刻艺术品般的柔美典雅，使女性更加妩媚，是复古新娘造型的首选（图2-11-16）。

图2-11-16　复古新娘造型

二、任务实施

分组训练，学生在规定时间内完成手推波纹造型，完成后参照考核评价表进行评比（表2-11-1）。

表2-11-1　手推波纹技法造型任务评价表

评价内容	内　容	分　值	学生自评	小组互评	教师评分
完成情况	准备工作	10			
	手推波手法正确	20			
	分发均匀，发片大小均匀	20			
	发片光滑、曲度协调	20			
	整体造型干净、整洁	20			
职业素质	团队合作	5			
学习纪律	遵守纪律	5			

三、任务拓展

1.上网搜集有关手推波纹造型图片。

2.课余时间进一步练习手推波纹技法，并把作品发送到班级QQ群里。

项目三

化妆技巧

任务一 基础打底

任务目标

本次任务旨在让学生学会根据不同肤色选择适合的粉底，通过面部粉底的涂抹练习，掌握基础打底的手法。

任务描述

底妆对化妆的妆面效果有很关键的作用，在进行五官的修饰之前，底妆的处理到位是化妆成功的第一步，初学者需要先掌握淡妆基本的打底程序，再进一步学习较复杂的立体打底方法。下面我们先来学习基础底妆。

一、知识准备

（一）粉底的应用

粉底的类型很多，常见的有粉底膏、粉底液等，这些粉底均用于调整肤色，改善面部质感，遮盖瑕疵，体现皮肤质感。

（二）粉底的涂抹方法

1.粉底膏的涂抹方法

粉底膏一般选择湿的海绵粉扑来打底，我们可以先用小喷壶向海绵粉扑喷水，挤压至潮湿的状态即可。然后采用滚动按压、点压、轻擦、揉擦相互结合的手法进行涂抹，就能完成整个底妆。

图3-1-1 滚动按压法

2.粉底液的涂抹方法

粉底液的涂抹方法比较多样，每一种方法都有自己的优缺点。

（1）滚动按压法

一般选用密度大的海绵扑，手拿海绵扑一边按压，一边向旁边滚动（图3-1-1）。

（2）点拍法

用海绵扑的某个小部位，直上直下地在脸上点拍（图3-1-2）。

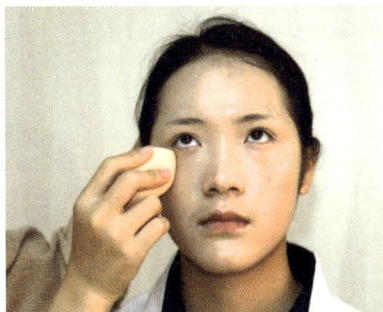
图3-1-2 点拍法

（3）粉底刷法

用粉底刷直接在脸上涂抹粉底液，这是目前最常用的一种方法（图3-1-3）。

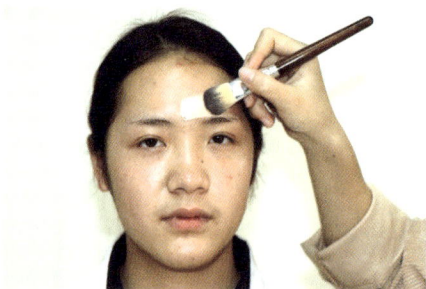

图3-1-3　粉底刷法

我们在处理底妆的时候，可以将粉底膏与粉底液打底的优点相互结合，达到更好的底妆效果。首先在面部大面积使用粉底液，达到自然通透的底妆效果，然后再用色号浅一号的粉底膏涂抹在眼圈部位等需要提亮的位置，在保证底妆通透的同时，制造层次感。

3.具体操作步骤

第一步：护肤

首先洁面，然后拍爽肤水、乳液保湿（图3-1-4）。

图3-1-4　护肤

第二步：涂抹粉底

取适量粉底液放在调色板上（图3-1-5）。用粉底刷斜向下或顺着肌肉的走向涂抹均匀（图3-1-6）。

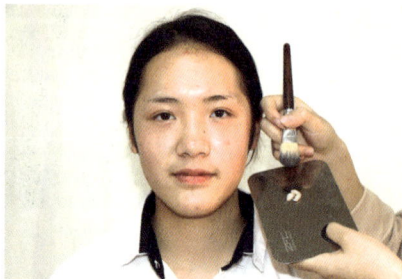

图3-1-5　取适量粉底液

图3-1-6　用粉底刷均匀涂抹

用湿的海绵扑以按压的手法，使粉底液服帖均匀（图3-1-7）。下眼睑的位置要顾及，涂到下眼睑位置时让模特睁开眼睛并往上看（图3-1-8）。

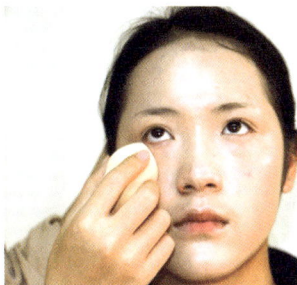

图3-1-7　按压　　　　　　　　　　　图3-1-8　涂下眼睑

第三步：定妆

选择接近肤色的蜜粉进行定妆。化妆师可以用粉扑蘸取适量蜜粉，搓揉粉扑使粉量均匀，并用按压手法对面部进行定妆（图3-1-9）。化妆师也可以用大的粉刷均匀地扫在面部进行定妆，眼睛位置是重点，需多涂蜜粉（图3-1-10）。

图3-1-9　用粉扑定妆　　　　　　　　图3-1-10　用粉刷定妆

二、任务实施

学生两人为一组，相互对练基础打底，完成后按照下表进行评比（表3-1-1）。

表3-1-1　基础打底任务评价表

评价内容	内　容	分　值	学生自评	小组互评	教师评分
完成情况	准备工作	10			
	护肤	10			
	涂抹粉底	20			
	定妆	20			
	底妆完成效果	30			
职业素质	团队合作	5			
学习纪律	遵守纪律	5			

三、任务拓展

1.粉底液与粉底膏的区别是什么？

2.如何根据顾客的肤色选择粉底的颜色？

3.爱美之心人皆有之，化妆师除了帮别人化妆外，也要懂得修饰自己，请利用业余时间修饰一下自己的皮肤，拍照对比妆前妆后效果。

任务二 眉毛的修饰

任务目标

本次任务旨在让学生了解眉毛的结构与眉形的种类，熟悉描画眉毛的步骤与技巧。

任务描述

眉的美化在古代化妆直至现代化妆中都占有极其重要的地位。眉毛对眼睛的修饰、映衬作用表现突出，不同的眉形可以体现不同的个性特点。眉毛的修饰对于容貌是非常重要的。

一、知识准备

（一）眉毛的结构

从眉的生长结构来看，眉毛由眉头、眉峰和眉尾组成（图3-2-1）。

（二）认识标准眉形

1.眉毛由眉头、眉峰、眉尾三部分相连而成，从眉头、眉峰到眉尾的线条要流畅、清晰。

2.眉与眼的距离大约有一眼之隔。

3.眉头在鼻翼或内眼角的垂直延长线上（图3-2-2）。

4.眉尾在鼻翼与外眼角的连线与眉相交处。

5.眉峰在眉头至眉尾的三分之二处。

6.眉头和眉尾基本保持在同一水平线上，或者眉尾略高于眉头。

7.眉头最粗，越靠近眉尾应越细。

（三）眉形的种类

眉形共分为5种。

1.三分之一眉（图3-2-3）。

2.二分之一眉（图3-2-4）。

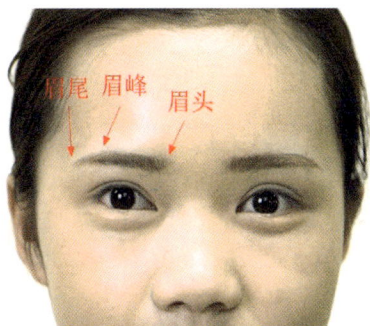

图3-2-1 眉毛的结构

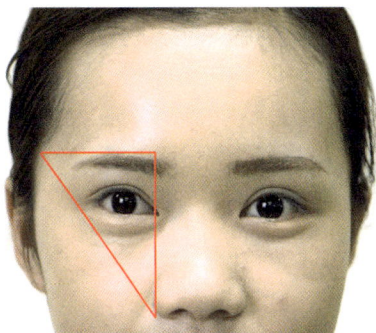

图3-2-2 眉头的位置

3.平眉（图3-2-5）。

4.弧形眉（图3-2-6）。

5.上扬眉（图3-2-7）。

（四）修眉的方法

图3-2-3　三分之一眉

图3-2-4　二分之一眉

图3-2-5　平眉

图3-2-6　弧形眉

图3-2-7　上扬眉

所谓修眉，是利用修眉用具，将多余的眉毛去除，使眉毛线条更清晰、整齐和流畅，为画眉打下一个良好的基础（图3-2-8）。

1.用刀片修眉的方法

人的皮肤都是有褶皱的，所以在修眉的时候一定要拉平皮肤，否则修不到眉毛的根部，很容易造成流血。修眉的时候要掌握刀片的角度，一般刀片与皮肤之间的角度应控制在15°之内。不管是横向还是纵向，刀片都能用来很好地修理眉形。

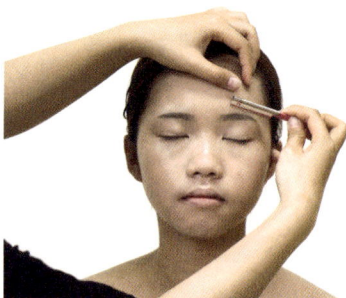
图3-2-8　修眉

2.用剪刀修眉的方法

修眉剪刀一般搭配眉梳使用。操作方法是先用眉梳梳理眉毛，然后把过长的眉毛用剪刀修剪掉。除了修理眉毛的长度之外，剪刀还能修理眉毛的密度，将眉毛打薄，或修整生硬的眉头，使其更加自然。

（五）画眉的原则

所有的画眉方法都应该在修过眉的基础上完成。描画的眉形要自然流畅，眉色要与肤色、发色及妆容相协调。

眉毛的描画原则：虚实相映，左右对称；眉头虚，颜色浅淡；眉峰色重且实；眉梢要尖且色淡；眉的上边缘线略轻于下边缘线。

总结：上虚下实两头浅。

（六）眉毛的描画步骤演示

1.观察脸形，确定眉毛形状，进行修眉。

2.用眉粉铺出立体的眉形，分2步进行。

（1）选择与发色相近或稍浅色眉粉铺出眉形。

（2）用深色眉粉铺出立体的眉形。由眉头处开始，到眉峰处为止是渐渐上升的，到眉峰达到最高，再由眉峰处至眉尾处下降，眉形自然变细（图3-2-9）。

3.用眉笔一根一根地描画出自然的眉毛，分2～3步逐渐加深描画。

将眉笔修成扁平的鸭嘴状，用眉笔的笔尖顺着眉毛生长的方向逐笔描画，画眉时动作要轻，力度要一致，通过笔画的疏密来控制眉色的深浅，眉头要清淡，眉峰处可稍加重些，眉尾要自然流畅（图3-2-10）。

画完后，用螺旋形的眉刷或斜角眉刷沿眉形将眉毛和描画的颜色充分融合在一起（图3-2-11、图3-2-12）。

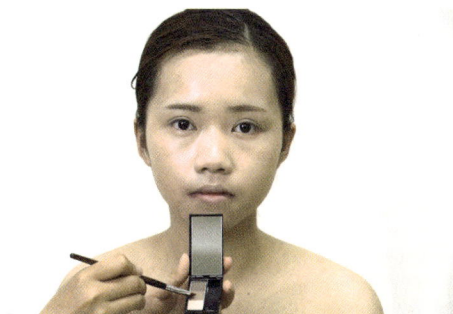

图3-2-9　眉粉填充

图3-2-10　眉笔画眉

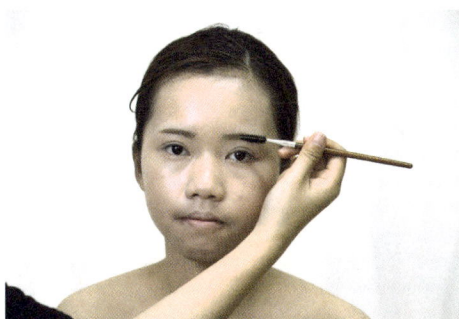

图3-2-11　眉刷刷均匀

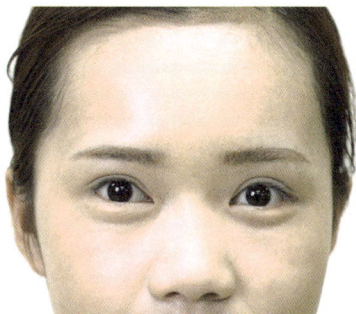

图3-2-12　完成效果图

二、任务实施

学生两人为一组，分别根据对方的眉形特点对练修眉及画眉，完成后按照下表进行评比（表3-2-1）。

表3-2-1　修眉及画眉任务评价表

评价内容	内　容	分　值	学生自评	小组互评	教师评分
修眉	基本修出清晰、对称的轮廓	30			
眉形的选择	与模特气质、脸形相符	20			
眉形的描画	有效地修饰脸形，眉形流畅自然，虚实结合	20			
完成效果	上虚下实，线条流畅，眉形好	20			
职业素质	团队合作	5			
学习纪律	遵守纪律	5			

三、任务拓展

请大家课后根据图3-2-13所示临摹不同的眉形，在纸上画眉（图3-2-14），每位同学画5张。

图3-2-13　各种眉形

眉形练习

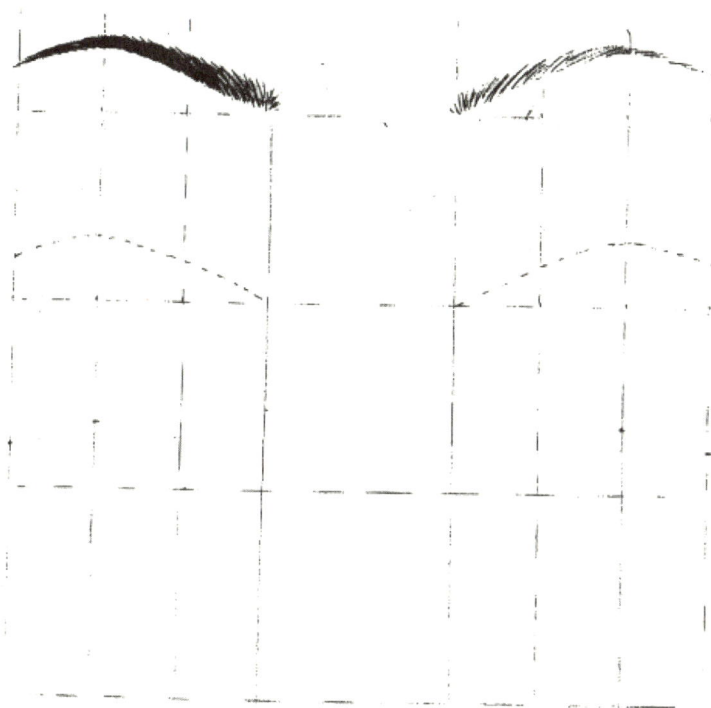

要求：对称画出双倒眉形，线条干净流畅，虚实有致，立体感强。

成　　绩：＿＿＿＿＿＿

日　　期：＿＿＿＿＿＿

教师签名：＿＿＿＿＿＿

南宁市第三职业技术学校

图3-2-14　眉形练习纸

任务三　描画眼线的技巧

任务目标

本次任务旨在让学生掌握眼线的描绘工具及描画方法。

任务描述

眼线起到美化眼睛、调整眼睛的形状和两眼间距的作用，可以使眼睛由小变大，弥补眼部的缺点，增添眼部的神采。

一、知识准备

（一）眼线的作用

眼线可以让眼睛边缘清晰，加强与眼白的明暗对比效果，增加眼睛的光彩和亮度。眼线还可以修饰眼形，使眼睛变大，起到美化眼睛，让眼睛更乌黑闪亮，更有神采，更生动迷人。

（二）画眼线的工具

1.眼线笔

眼线笔有多种款式和多种颜色，外形类似于铅笔，应配合卷笔刀使用，还有非常方便的拉线式眼线笔。眼线笔易操作，但是容易晕妆，一般用于填充睫毛根部（图3-3-1）。

图3-3-1　眼线笔

2.眼线膏

眼线膏是近些年来，在化妆中较常用的产品，颜色比较齐全，配合专用的刷子使用。描画出的眼线颜色饱满，质感表现力好，持久性强，能长时间带妆、不晕妆。利用纤细的毛刷蘸眼线膏描画眼线，柔和、不刺痛皮肤，着色力强，不易脱落（图3-3-2）。

3.眼线液

眼线液分为软刷和硬刷两种。用眼线液描画出的眼线线条感明显，较为浓密，不容易晕

图3-3-2　眼线膏

妆，适合描画凸显的眼线及时尚感较强的妆容（图3-3-3）。

4.水溶眼线粉

水溶眼线粉是配合专用的化妆刷，蘸水应用的产品，能刻画出虚实结合的眼线。它具有易着色、快干、稳定、不易掉色的特点，色彩持久生动，能呈现完美眼妆（图3-3-4）。

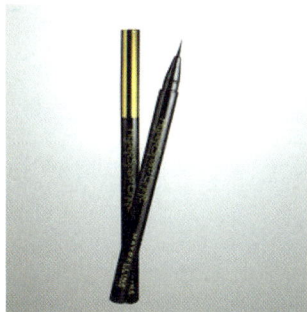

图3-3-3 眼线液　　　　图3-3-4 水溶眼线粉

（三）眼线的种类

1.自然眼线

描画自然眼线，可采用棕色眼线笔，仅需在上眼睑最靠近睫毛根处描画上眼线，下眼线可画可不画。如想要明亮精神的眼神，可改用黑色眼线笔，用棉棒晕开，表现出更加自然的效果（图3-3-5）。

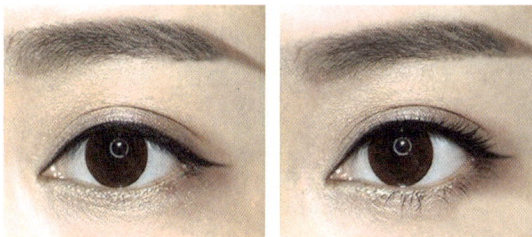

图3-3-5 自然眼线

2.复古眼线

使用眼线笔描画眼线，要描画出精致、有造型感的线条，表现出女性化的眼神。在眼尾适当拉长眼线并上扬，更能展现出复古、妩媚的神韵（图3-3-6）。

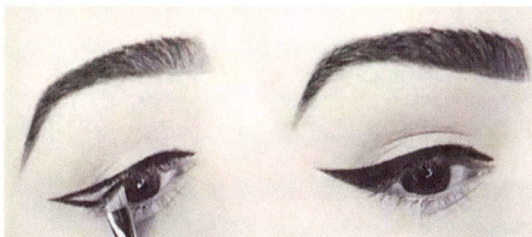

图3-3-6 复古眼线

3.框画式上下眼线

想突出表现眼部妆效时，可以将上下眼线都框画起来，让眼妆具有强烈的戏剧感和设计感（图3-3-7）。

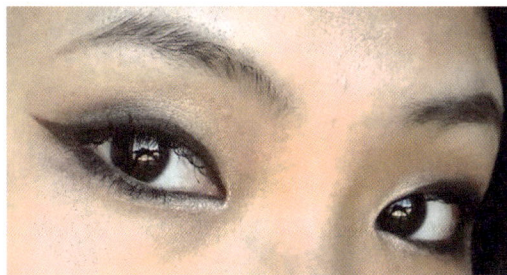

图3-3-7 框画式上下眼线

（四）眼线的描画要点

1.眼部的底妆一定要均匀自然，定妆一定要到位，否则不好画眼线，同时眼部出油会晕妆。

2.睫毛根部不要留白，要填充睫毛根部。

3.眼线的颜色一定要饱和，不要有泛灰的现象。

4.眼线的颜色一般选择黑色、棕色，其他颜色很少使用。

（五）具体操作过程

1.眼睛往下看，用手指抬起眼皮，用眼线笔先把睫毛根部进行填充（图3-3-8）。

2.由左至右多画几次，把睫毛根部都填满黑色，就会让眼睛轮廓更加明显，显得眼睛更加有神（右眼睫毛根部已填充）（图3-3-9）。

图3-3-8　填充右眼睫毛根部　　　　　图3-3-9　右眼睫毛根部填充

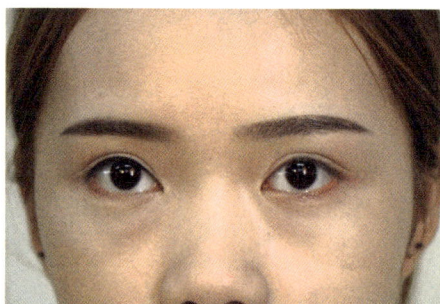

3.填完右眼睫毛根部后，接下来填充左边眼睫毛根部（图3-3-10）。

4.闭眼，先用手指轻抬眼皮，再用眼线液笔从眼角往眼尾画眼线（图3-3-11、图3-3-12）。

5.完成眼线效果（图3-3-13）。

图3-3-10　填充左眼睫毛根部　　　　　图3-3-11　画眼线

图3-3-12 画眼线　　　　　　　　图3-3-13 效果图

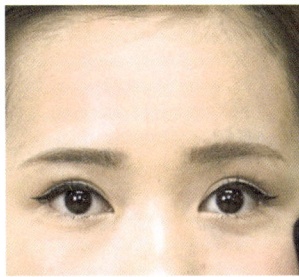

二、任务实施

学生两人为一组，在规定时间内，轮流对练眼线的画法，完成后按照下表进行评比（表3-3-1）。

表3-3-1　画眼线任务评价表

评价内容	内 容	分 值	学生自评	小组互评	教师评分
完成情况	准备工作	10			
	睫毛根部填充	20			
	画眼线	30			
	眼线完成效果	30			
职业素质	团队合作	5			
学习纪律	遵守纪律	5			

三、任务拓展

1.人的眼形是不一样的，有些眼睛偏小，有些眼睛又大又圆，有些眼睛下垂，有些眼睛上扬，有些眼睛距离过宽，有些眼睛距离过窄，针对这些眼形如何通过画眼线来修饰？

2.请在课后给自己或同伴画眼线，并把照片发到班级QQ群里。

任务四　睫毛的修饰

任务目标

本次任务旨在让学生理解睫毛修饰的方法，掌握用睫毛夹夹翘睫毛及黏贴假睫毛的步骤与运用技巧。

任务描述

睫毛的主要作用是为眼睛挡风遮沙，但随着人们对美的要求越来越高，睫毛变成了美化眼睛的一部分，睫毛的修饰就是让睫毛长而浓密，并向上弯曲，使眼睛瞬间增大，增添无限神韵。

一、知识准备

睫毛的修饰方法如下：用睫毛夹夹卷睫毛—刷睫毛膏—贴假睫毛—再一次刷睫毛膏，最后将真假睫毛融合在一起（图3-4-1）。

图3-4-1　效果图

睫毛修饰的步骤如下。

（一）夹翘睫毛

1.夹卷睫毛的目的：涂睫毛膏前，先用睫毛夹将睫毛夹卷，使之向上弯曲，有利于涂抹睫毛膏并能起到扩大眼睑弧度的作用（图3-4-2）。

2.夹卷睫毛的方法：夹上睫毛时双眼视线向下，把睫毛夹打开到最大，拇指轻提眼皮，使睫毛根部上扬一定角度，把睫毛夹贴到睫毛根部；夹住睫毛根部，使其与眼睑曲线吻合，在睫毛根部停留5～10秒，放松后再次夹卷5～10秒（图3-4-3）。

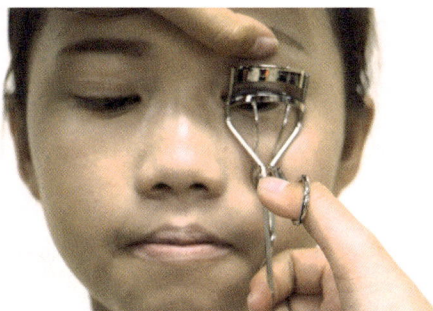

图3-4-2　拇指轻提眼皮　　　　　　　　　　图3-4-3　夹睫毛

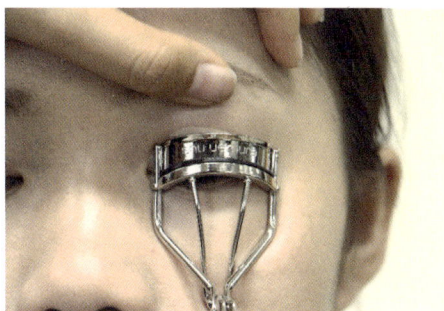

（二）刷睫毛膏

1.双眼视线向下，先涂眼睛中部的睫毛，再涂内外眼角的睫毛（图3-4-4）。

2.涂上睫毛时，应横拿睫毛刷，左右拨动睫毛，再顺睫毛生长方向涂抹（图3-4-5）。

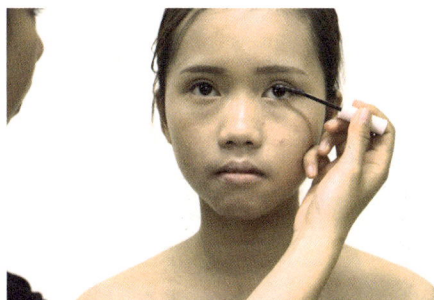

图3-4-4　涂上睫毛　　　　　　　　　　图3-4-5　顺睫毛生长方向涂抹

3.涂下睫毛时，先竖拿睫毛刷，左右拨动睫毛，再横扫（图3-4-6）。

4.刷完睫毛膏后，检查一下是否有结块现象，如果有，用小梳子梳开（图3-4-7）。

图3-4-6　涂下睫毛

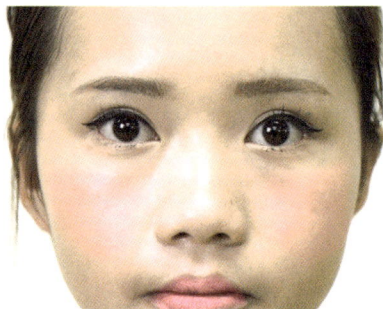

图3-4-7　效果图

（三）假睫毛的使用

1.定义

假睫毛有整排的也有单根的，其颜色和形态各异，假睫毛的使用率随着人们爱美的心理逐渐提高，它可使睫毛由稀疏短小变得浓密增长，同时会使眼睛明亮妩媚，从侧面看更有立体感。

2.黏贴方法

（1）先将假睫毛放于睫毛根部量一下，确定假睫毛的长度（图3-4-8）。

（2）用前先将假睫毛揉搓使之柔软，直接佩戴会显得僵硬。用手将假睫毛弯一弯，使之形状与眼睑吻合（图3-4-9）。

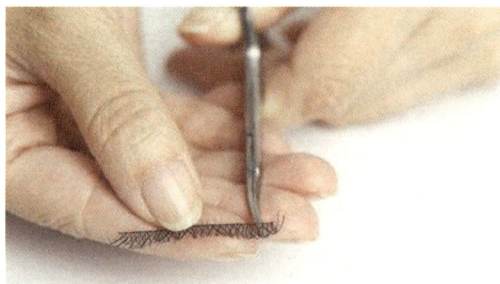

图3-4-8　修剪假睫毛

（3）涂上睫毛专用胶水，闭眼时黏在真睫毛上方，先确定中央位置，再向左右两侧轻轻按压（图3-4-10）。

图3-4-9　揉搓假睫毛

图3-4-10　黏假睫毛

（4）刷睫毛膏，使真假睫毛很好地融合在一起（图3-4-11）。

（5）再次画眼线，可以有效地遮掩睫毛胶水（图3-4-12）。

图3-4-11　再次涂睫毛膏

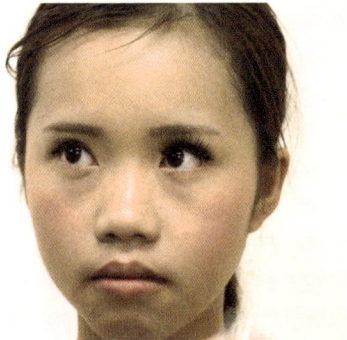

图3-4-12　效果图

二、任务实施

两人为一组，每组同学轮流操作，分别对练睫毛的修饰，完成后按照下表进行评比（表3-4-1）。

表3-4-1　修饰睫毛的任务评价表

评价内容	内　容	分　值	学生自评	小组互评	教师评分
完成情况	准备工作	10			
	夹翘睫毛	20			
	贴假睫毛	20			
	涂睫毛膏，让真假睫毛融合	20			
	睫毛完成效果	20			
职业素质	团队合作	5			
学习纪律	遵守纪律	5			

三、知识拓展

1.假睫毛的类型有哪些？分别适用于什么妆容？

2.请利用课余时间练习贴假睫毛。

任务五　眼影的晕染

任务目标

本任务旨在让学生掌握各种眼影的晕染法。

任务描述

眼睛是心灵的窗户，是面部表情最丰富的地方，眼影在眼妆中占有很重要的位置，运用丰富的色彩对眼睛进行修饰，能够表达整体造型的风格及韵味。下面让我们学习眼影的晕染方法。

一、知识准备

眼影的晕染方法主要分为两种：水平晕染法、立体晕染法。

（一）水平晕染法

水平晕染为最常用的化妆方法，妆型干净、有层次、立体感强，适合各种眼型。水平晕染的画法可分为平涂法、渐层法、段式法、前移法和后移法。

1.平涂法

特点：平涂眼影画法是指用单色眼影平涂在眼眶的描画手法，无法表现眼部的结构，浅色平涂使人显得单纯、年轻；深色平涂使人显得直率、时尚。

画法：选用平涂法晕染眼影时，从睫毛根部开始描画，色彩可深一些，逐渐向上减淡消失在眼窝处，再在眉骨处用亮色提亮增加眼部的立体感，与眼影自然衔接（图3-5-1）。

图3-5-1　单色平涂法

2.渐层法

特点：渐层法眼影层次过渡明显，在色彩的表达上较为丰富，可选用同类色、类似色、邻近色。渐层法可使眼神具有神秘感，同时可消除浮肿的眼皮，也可起到拉宽眉眼间距的作用。

画法：选用渐层法晕染眼影时，可先选择浅色的眼影，用平涂的手法平铺上眼睑，然后选用深色眼影从睫毛根部开始往上晕染，靠近睫毛根处的眼影颜色最深，向上颜色减淡，且色彩与色彩之间不能有明显的分界线，色彩要过渡自然。一般在做渐层法晕染眼影时，眼影色彩不宜超过三种颜色（图3-5-2）。

图3-5-2　渐层眼影

3.段式法

特点：段式眼影的画法因描画眼影的颜色分段着色，分为两段式和三段式。段式法可表现出跳跃的色彩，明快的节奏，与渐层法对比更丰富、更多变。运用段式法描画眼部妆型可表现出色彩的明快与跳跃，色彩的视觉感染力较强。

图3-5-3　两段式眼影

画法：由于明亮的浅色眼影与深色的眼珠形成对比，描画两段式眼影需后段眼影的颜色较深，前段较浅（图3-5-3）；描画三段式眼影需前后段颜色较深，中段较浅。有时为了表现具有装饰性的眼妆，会分别选取三种不同色彩分布在上眼睑处（图3-5-4）。

图3-5-4　三段式眼影

4.前移法和后移法

前移法就是将眼影的重点往前移,这种手法适合眼睛距离过宽或进行创意妆造型时用得比较多(图3-5-5)。

后移法就是将眼影的重点放在眼尾处,这种眼影技法用得很多,一般后移眼睛四分之一的长度,常见的后移法一般都是在上眼睑运用得比较多,下眼睑也需过渡及衔接(图3-5-6)。也有些后移法是强调下眼睑的位置,眼影重点放在下眼睑并后移,表现出一种迷离的感觉(图3-5-7)。

图3-5-5 前移法

图3-5-6 后移法

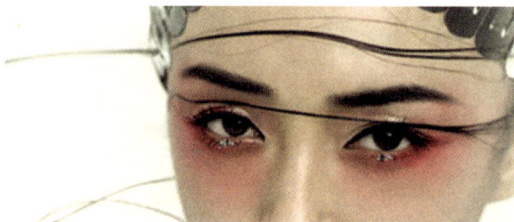

图3-5-7 强调下眼睑

(二)立体晕染法

立体晕染法可分为倒钩法、烟熏法、欧式法,这种方法可调整眼形,有向上向后拉升的作用,会使眼睛明显凹陷下去。

晕染深色眼影时,化妆刷要直立,以加强使用的力度。随着向上推进,刷子与眼睑的角度逐渐减小,直至平贴在眼睑上,造成柔和的效果。每次蘸取颜色后,都要从颜色重的地方入手进行晕染，从而形成眼影色自然衔接的层次变化。

1.倒钩法

特点：倒钩式眼影具有放大眼型的效果，能更加美化眼部的神采。

画法：倒钩式眼影，一般选用较深颜色眼影顺着双眼睑的折痕线从眼尾向眼头晕染，颜色由深到浅，至眼睑的三分之一或三分之二处消失。在描画的过程中，注意眼影的面积不可过大，双眼睑的折痕下方可留有明显的分界线，但上方的眼影颜色一定要晕开（图3-5-8）。

图3-5-8 倒钩法

2.烟熏法

特点：烟熏画法是近些年来特别流行的眼影画法，在时尚摄影中较为常用。它适合亚洲女性的眼部结构，能将双眼打造出深邃、神秘的效果。

画法：烟熏画法是以渐层画法为基础，有浓重的眼线，能够扩大眼影的面积和层次，包括眼头、眼尾的部位。按面积比分为小烟熏和大烟熏，其范围分别局限于眼皮的二分之一和三分之二处，小烟熏更讲究眼影的层次感。最早的烟熏颜色以黑色系为主流，如今色彩的范围加以扩展，几乎任何色彩都可为烟熏妆所用（图3-5-9）。

图3-5-9 烟熏法

3.欧式法

特点：欧式法是舞台化妆中经常使用的眼部化妆形式，具有增强双眼的深度及三维效果。

画法：欧式画法分为影欧法和线欧法。影欧法常采用自然的棕色系眼影表现，只画出双眼的轮廓，让双眼变得较大、较圆，显得可爱。影欧法适宜眉眼间距较近的人（图3-5-10）。线欧法具有扩大眼型的作用，让人显得成熟、华贵，适合眉眼间距较远的人。

图3-5-10　影欧法

线欧法是结构类眼影画法的一种。这种画法可以为眼部浮肿、缺少立体感、结构不明显的眼睛增添立体结构感，在表现一些复古造型或舞台造型时较为常用。其中大倒勾的画法是现在非常时尚、实用的一种画法。

（1）要使得达到眼睛凹陷效果，首先要提亮眼睛周围的部位，如鼻梁，眉弓、眶上缘，颧丘等。

（2）先用浅咖啡色眼影打底，再用深咖啡色眼影在眼尾处顺着眼窝的形状向内勾画结构线，在眼睑靠近眼头三分之一处消失（注意眼影色彩的过渡）。

（3）选用深咖啡色的眼影，在已画好的位置加重颜色，颜色由深到浅，在眼睑靠近眼头三分之一处消失。

（4）用眼线改变眼睛的形状，使眼睛的形态接近欧洲人的眼形，如拉高内眼角、压低外眼角、加大眼裂、加强双眼睑等。

（5）改变眉毛的形态，以突出眼睛的结构。高挑的眉形更能突出眉骨的立体感。

重点：描画的过程中眼影晕染面积不可过大，在倒勾结构线的下方可以留出明显的分界线，上方一定要晕染开（图3-5-11）。

图3-5-11　线欧法

二、任务实施

学生每两人一组，每组同学轮流操作眼影的晕染方法，完成后按照下表进行评比（表3-5-1）。

表3-5-1　眼影晕染任务评价表

评价内容	内　容	分　值	学生自评	小组互评	教师评分
完成情况	准备工作	10			
	水平晕染	30			
	立体晕染	30			
	眼影晕染完成效果	20			
职业素质	团队合作	5			
学习纪律	遵守纪律	5			

三、知识拓展

模仿图3-5-12至图3-5-15所示眼影的晕染方法，在图3-5-16的眉形练习纸上描画眼影，每人画5张图。

图3-5-12　平涂法

图3-5-13　两段式眼影

图3-5-14　烟熏法

图3-5-15　欧式法

眼
影
的
画
法

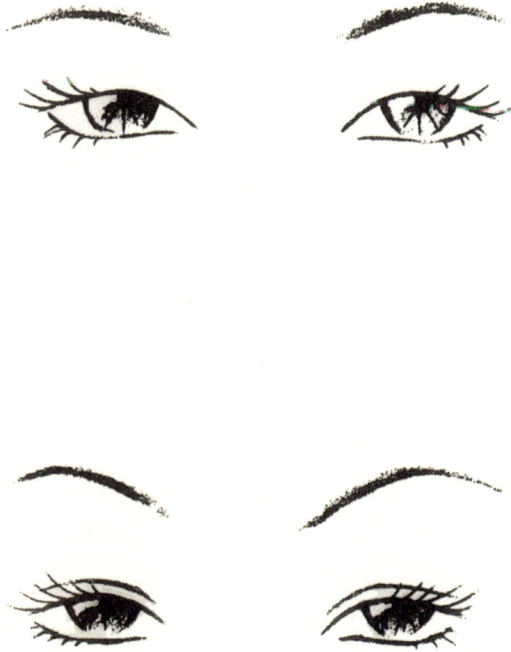

成　　绩：＿＿＿＿＿＿＿＿

日　　期：＿＿＿＿＿＿＿＿

要求：按不同眼影的画法，对称画出双侧眼影。

教师签名：＿＿＿＿＿＿＿＿

南宁市第三职业技术学校

图3-5-16　眉形练习纸

任务六　唇的修饰

任务目标

本次任务旨在让学生通过学习掌握唇形及唇的修饰方法。

任务描述

在妆面处理上最注重的是眼妆，与眼妆相比，唇的修饰相对比较简单，但是唇的修饰给人以画龙点睛的作用。不同的妆面对唇的要求也不同，有标准唇、丰满唇、性感唇，下面让我们来学习唇的修饰方法。

一、知识准备

唇的化妆是指口红的描画与涂染。口红可以使唇部更鲜亮，拥有健康的血色，保护嘴唇，可以有效地防止嘴唇干裂、脱皮。润泽柔美的嘴唇可使女性更具风韵和迷人的魅力。

（一）唇部常用品

1.唇线笔：可描画唇形，也可防止唇膏外溢（图3-6-1）。

2.唇彩：色泽亮丽，比较滋润，日妆常用（图3-6-2）。

图3-6-1　唇线笔

图3-6-2　唇彩

3.口红：膏状，色彩艳丽，持久（图3-6-3）。

4.唇冻：半透明啫喱状，滋润保护双唇（图3-6-4）。

5.唇蜜：透明度高，清透淡雅（图3-6-5）。

图3-6-3 口红

图3-6-4 唇冻

图3-6-5 唇蜜

（二）唇的结构

唇由上唇、下唇组成。上唇中间有突起的部位称唇峰，两唇峰之间的低谷称唇谷，唇的两侧为嘴角，下唇的中间部位为唇珠，唇的外轮廓为唇线（图3-6-6）。

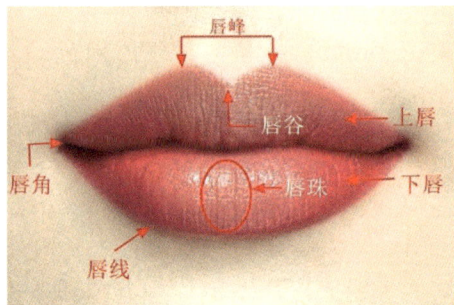
图3-6-6 唇的结构

（三）画唇的注意事项

1.轮廓色

首先用较深的颜色去勾画轮廓，一般用唇线笔勾画唇形，唇线的颜色要与唇膏的色调一致，并略深于唇膏色，唇线的线条要流畅，左右对称。

2.表现色

其次用唇刷在轮廓内涂上颜色，唇膏色的色彩变化规律为上唇略深于下唇；唇角色略深于唇中色，中间浅、两头深。唇膏色要饱满，充分体现唇部的立体感。

3.强调色

最后用亮色涂在唇珠上。

（四）常见唇的表现风格

1.标准唇形

唇峰位于唇中至唇角的三分之一处，唇角在眼睛平视时眼球内侧的垂直延长线上，上唇与下唇的厚度比例约为2：3；嘴唇轮廓清晰，唇角微翘，给人亲切、自然的印象，整个唇形富有立体感（图3-6-7）。

2.丰满唇形

此种唇形轮廓匀称，唇峰的高度和下唇的厚度基本相同，给人以丰满的感觉（图3-6-8）。

图3-6-7 标准唇形　　　　　　　　图3-6-8 丰满唇形

3.性感唇形（花瓣唇形）

唇峰位于唇中至嘴角的三分之二处，此种唇形有平整、宽广和优美的微笑感，给人以热情的印象（图3-6-9）。

图3-6-9 性感唇形

4.菱形唇形

唇峰凸起，略带尖锐倾向，嘴角处稍向上提，给人以冷峻、严肃的印象（图3-6-10）。

图3-6-10 菱形唇形

（五）唇部修饰的步骤及方法

1.设计唇形：根据模特自身条件，设计理想的唇形。

2.先用薄薄的粉底轻扑在唇部轮廓线上，掩盖需修饰的唇形。

3.确定各点：在上唇确定唇峰的位置，在下唇确定与唇峰相应的两点。

4.勾画唇线：连接确定好各点，勾画唇线。唇线的勾画有两种：一种由唇角处开始，向唇中勾画；另一种由唇中向唇角描画。

5.涂口红：涂口红的方向与勾画唇线的方向一致。用唇刷蘸口红在轮廓线内涂抹，颜色要均匀一致。

6.涂高光色：在下唇中央用亮色口红或唇彩进行提亮，以增强立体感和透明感。

7.为使双唇的口红更牢固，不易脱落，可在第一遍唇膏后用纸巾轻按唇部，将多余的油脂吸去，扑一层定妆粉，再上第二遍唇膏，这样可令唇妆更持久。

二、任务实施

学生每两人为一组，每组同学分别根据对方唇形的特点进行有针对的修饰，完成后按照下表进行评比（表3-6-1）。

表3-6-1　唇部修饰任务评价表

评价内容	内　容	分　值	学生自评	小组互评	教师评分
完成情况	准备工作	10			
	唇形矫正	30			
	唇膏涂抹	30			
	完成效果	20			
职业素质	团队合作	5			
学习纪律	遵守纪律	5			

三、知识拓展

（一）咬唇妆的概念

咬唇妆通常为暗红色，是一种唇膏色调，有着"似有若无的唇妆效果"。这种妆容的设计灵感来自于"寒风中咬着嘴唇的效果"，中间暗红色的唇部就像是被牙齿咬过而出现的血色似的，周边用淡淡的粉红色突出暗红色的色调，显示出楚楚可怜的性感（图3-6-11、图3-6-12）。

造型师建议，"咬唇妆"的重点在于打粉底及唇膏的涂抹手法，面部甚至全身搭配都以突出唇部为亮点。

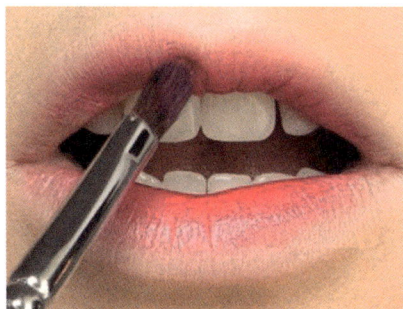

图3-6-11 咬唇妆（1）

图3-6-12 咬唇妆（2）

（二）咬唇妆的步骤

第一步：上底妆的时候遮盖唇线边缘的颜色，先用唇膏涂嘴唇内侧，范围是自然闭上嘴唇隐约露2～3mm，具体情况视嘴唇厚度而定，注意上下唇角的唇膏要连接起来（图3-6-13）。把颜色抿均匀，上下唇尽量左右抿，不要里外抿，避免范围超出嘴唇内侧太多，可以略用力（图3-6-14）。

图3-6-13 唇膏涂抹嘴唇内侧

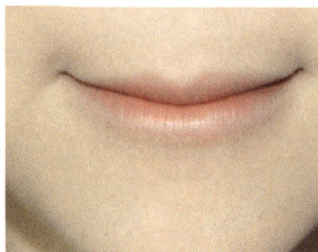

图3-6-14 抿匀颜色

第二步：用唇膏轻拍全唇，手劲不要太重，颜色不需要太实、太均匀，薄薄的一层即可（图3-6-15）。用手指轻轻推唇线边缘，边推边用纸巾把手指擦干净，避免弄花唇线，可以用手指轻拍全唇，柔化不均匀的地方（图3-6-16）。

图3-6-15 唇膏轻拍全唇

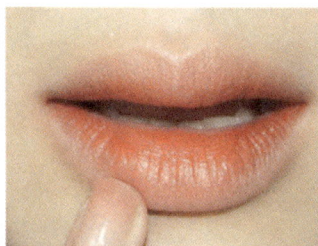

图3-6-16 手指轻拍全唇

第三步：唇膏用涂或拍的方法，适度加深嘴唇内侧，有针对性地填补颜色过薄、缺失的地方（图3-6-17）。手指用拍、推相结合的方式让唇膏过渡均匀，要不停地擦净手指上的唇膏（图3-6-18）。

图3-6-17　填补颜色

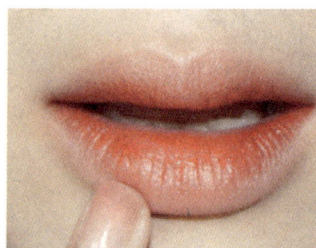

图3-6-18　手指让唇膏过渡均匀

第四步：用气垫粉扑整体清理嘴唇周围的皮肤，如果嘴唇周围皮肤很干净可省略这步，如果嘴唇周围弄得非常脏，一定要清理干净（图3-6-19）。咬唇妆效果如图3-6-20所示。

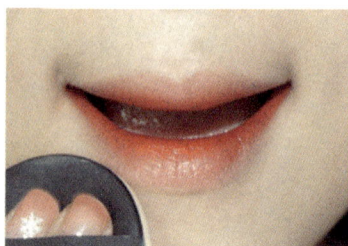

图3-6-19　气垫粉扑清理嘴唇
四周皮肤

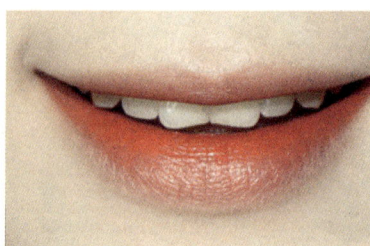

图3-6-20　咬唇妆效果图

任务七　腮红的晕染法

任务目标

本任务旨是让学生掌握各种脸形腮红的晕染法。

任务描述

眼妆是化妆的重点，但腮红在化妆中也发挥着重要作用，它不光使模特的脸颊呈现健康红润的颜色，腮红运用得好也可以达到修饰脸形、美化肤色等提升妆面感的作用。今天就让我们来学习腮红的晕染。

一、知识准备

（一）概述

打腮红的标准位置位于颧骨上，微笑时两颊隆起的部位。腮红向内不要超过眼睛二分之一的垂直线，向上不要高过外眼角的水平线，向下不得低于嘴角的水平线。

（二）腮红的打法

1.横打（团式、娃娃式）

横打显得可爱，适合年青人群。颧骨最高的地方最重，平着拉或者打圈，往后颜色渐渐变淡（图3-7-1）。

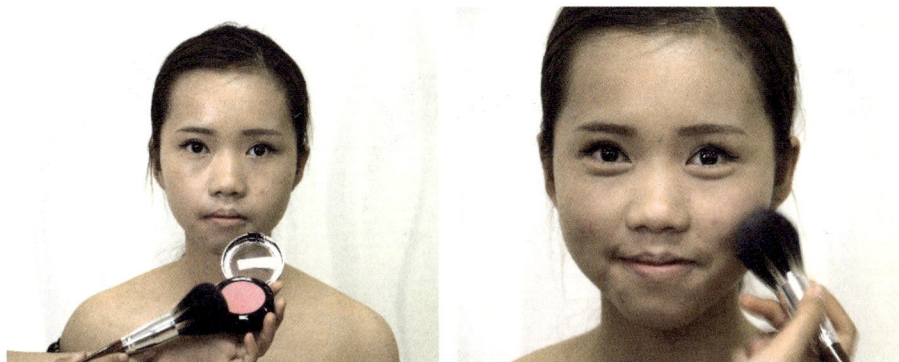

图3-7-1　横打腮红

2.竖打

竖打显得脸瘦、妩媚、成熟。打在发际线的边缘，越往前颜色越淡（图3-7-2）。

（三）腮红的作用

1.修饰脸形

2.表现健康的肤色

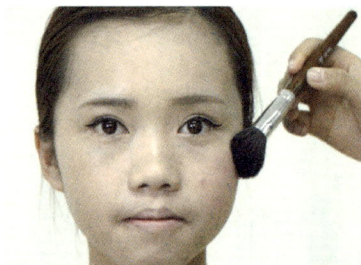

（四）不同脸型腮红的打法

1.椭圆形脸

椭圆形脸不需要过多的修饰。可用腮红刷配合浅淡的色系

图3-7-2　竖打腮红

打在笑肌的位置，由外向内以打圆圈的手法刷腮红，以增强面部的红润感。

2.长形脸

这种脸形中庭较长，视觉上感觉清瘦。腮红应以外眼角颧骨最高点为起点，向耳根方向晕染，色彩过渡要柔和。由颧骨至鼻翼向内打圈，刷在面颊较外侧，可向耳边刷，不要低于鼻尖，以横刷为宜（图3-7-3）。

3.方形脸

方形脸面部棱角分明，给人以冷峻、严厉的感觉。腮红可以靠近外眼角一点，以太阳穴为起点向嘴角方向晕染，但不能超过鼻底的水平线，否则会显得面部肌肉下垂。由颧骨顶端向下斜刷，面颊的颜色应刷深些、高些，或刷长（图3-7-4）。

4.圆形脸

圆形脸面部较短，腮部圆润，下巴比方形脸尖，腮红可偏向于垂直方向，不要太靠近嘴角。腮红以侧涂的方式来增加颧骨及面颊部位的立体感（图3-7-5）。

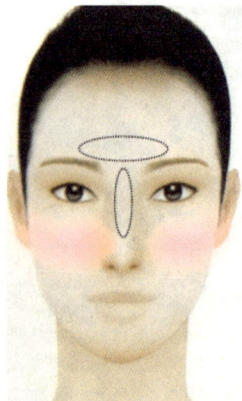
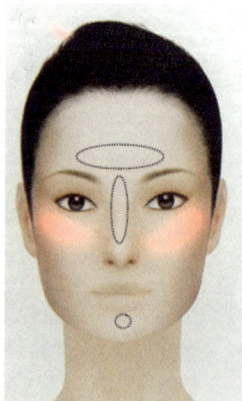
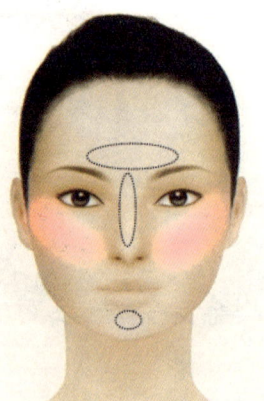

图3-7-3　长形脸　　　　图3-7-4　方形脸　　　　图3-7-5　圆形脸

5.正三角形脸

正三角形脸额头偏窄，腮部较大。腮红的晕染位置不宜过高，不能太靠近眼部，以鬓角部位为起点，往嘴角外侧晕染（图3-7-6）。

6.菱形脸

菱形脸主要是颧骨突出，中庭较宽。晕染腮红时应注意晕染不宜过长，将腮红从耳际稍高处向颧骨方向斜刷，颧骨处的颜色应该深一些（图3-7-7），颜色不宜太红。

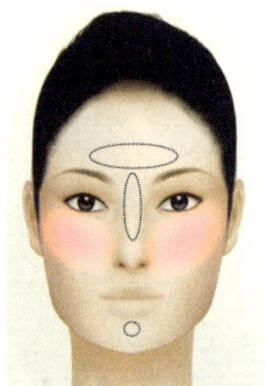

图3-7-6 正三角形脸   图3-7-7 菱形脸

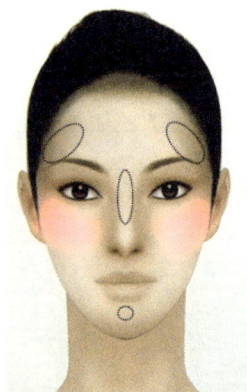

（五）不同肌肤腮红颜色的选择

1.白皙的肌肤

浅色系的腮红适合肌肤白皙的女性，如粉色、浅桃色等。这类颜色适合与整体妆容的色彩搭配。

2.健康的肤色

橘红色、深桃红、橄榄色的腮红比较适合健康肤色的女性，它具有调整肤色的作用，还能彰显个性。

3.黄色的肌肤

亮粉色、金棕色、玫瑰色的腮红较适合东方女性的肤色，会显得肌肤健康。

4.晦暗的肌肤

大红色、酒红色、深紫色腮红适合晦暗肌肤的女性。它们能够较好地调整肌肤的晦暗感，使肌肤更加亮丽。

二、任务实施

学生每两人为一组，分别完成以下两项任务。

（1）运用所学的手法完成不同脸型腮红的修饰。

（2）根据对方的脸形特点进行有针对性的腮红修饰，完成后按照下表进行评比（表3-7-1）。

表3-7-1　腮红修饰任务评价表

评价内容	内　容	分　值	学生自评	小组互评	教师评分
完成情况	准备工作	10			
	各种腮红手法的掌握	30			
	根据脸形进行腮红修饰	30			
	完成效果	20			
职业素质	团队合作	5			
学习纪律	遵守纪律	5			

三、任务拓展

1.腮红的种类有哪些？它们的用法有什么区别？

2.腮红的作用是什么？

3.请利用业余时间，在图3-7-8的妆面纸上绘制不同的腮红打法（横打、竖打）。

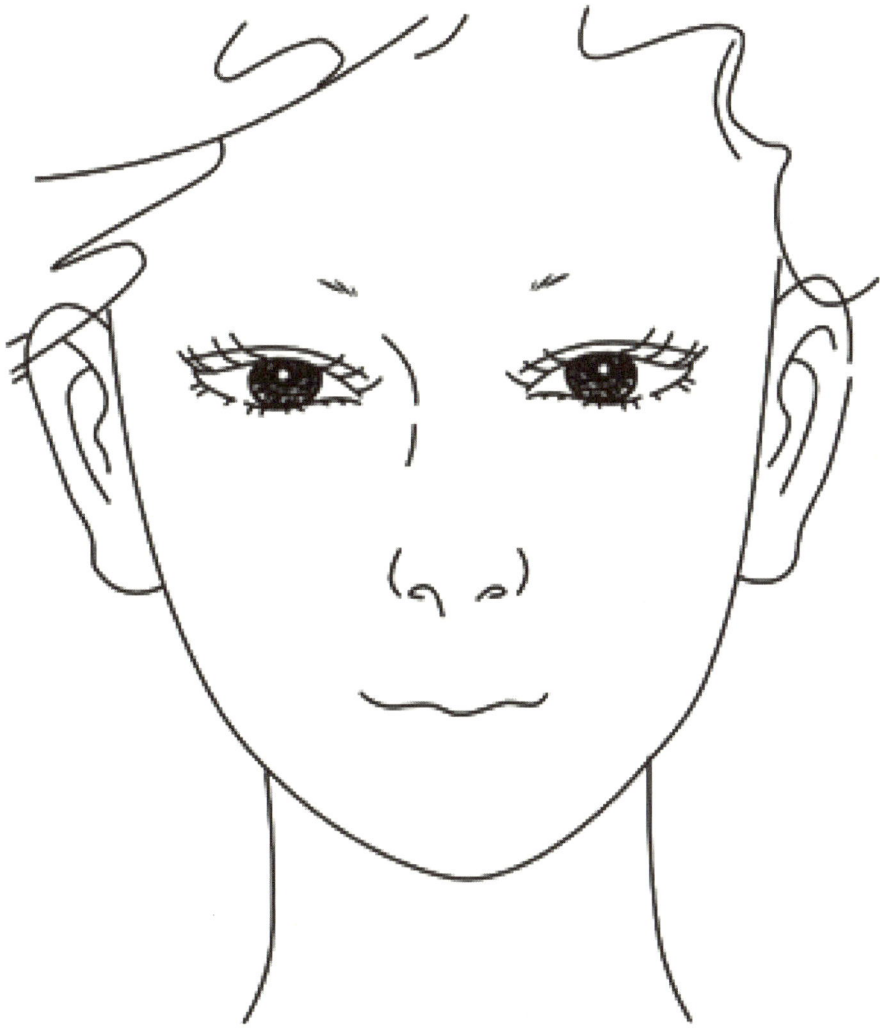

图3-7-8 妆面纸

项目四

生活妆

任务一　生活日妆

任务目的

本任务旨在让学生学习不同的妆面，熟练掌握生活妆面的用色和操作过程，并且能正确地表现妆型的特点。

任务描述

生活妆一般包括生活日妆、职业妆、裸妆等，用于一般的日常生活和工作，这类妆容大多为日妆，都属于自然日光下的妆容，其妆面色彩宜简单、自然协调。下面就让我们来学习生活日妆技巧。

一、知识准备

（一）生活日妆的特点

生活日妆也称淡妆，是指轻扑淡抹的化妆，用于一般的日常生活和工作，要求简洁、干净、真实、自然。日妆常出现在日光环境下，化妆时要在日光光源下进行。妆色宜清淡典雅，尽量不露化妆痕迹。

生活日妆强调突出面容本来所具有的自然美，除了考虑化妆对象的自有形象，还要考虑个人气质、年龄、职业、环境、季节、场合、审美标准等因素，根据不同的因素，采用不同的化妆手法。

（二）化妆步骤

1.妆前护肤三部曲

洁肤、爽肤、润肤（图4-1-1、图4-1-2）。

2.修眉（图4-1-3）

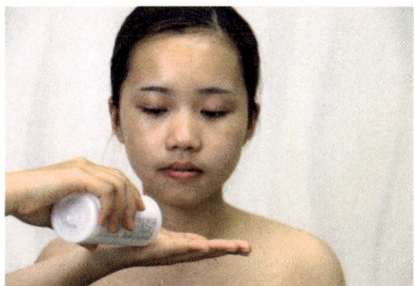

图4-1-1　清洁完皮肤以后取适量爽肤水轻拍于脸上

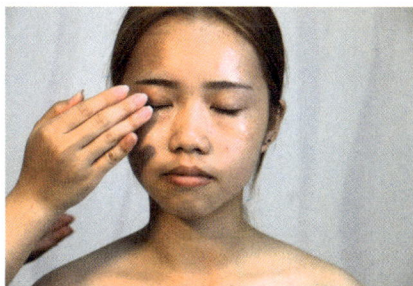

图4-1-2　将保湿乳轻拍于脸上

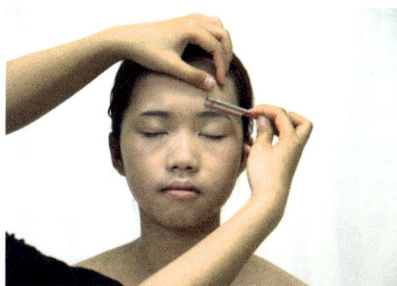

图4-1-3　修眉

3.打底（根据肤色、肤质选择）

（1）肤质好的可用粉底液。

（2）皮肤有瑕疵者用粉底膏，眼睛有黑眼圈可先用橘色的遮瑕膏遮盖黑眼圈位置，然后再整体涂抹粉底膏或粉底液。

肤质好的可选用透气性好的粉底液来完成，使用微微潮湿的海绵由上而下、由内向外以涂、拍、按的手法涂抹均匀（图4-1-4至图4-1-6）。

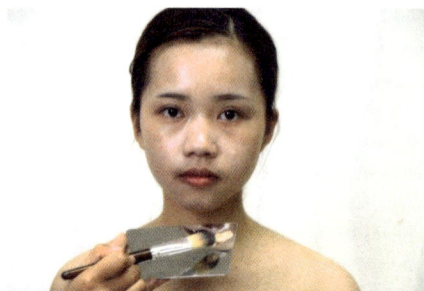

图 4-1-4　取适量粉底液放在调色板　　图 4-1-5　用刷子把粉底液往脸上刷均匀　　图 4-1-6　使用海绵涂抹均匀

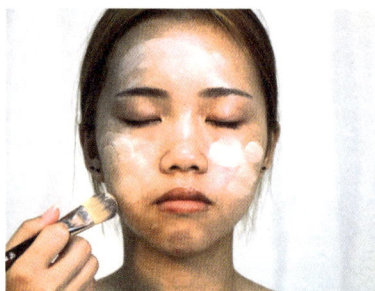

4.定妆（图4-1-7、图4-1-8）

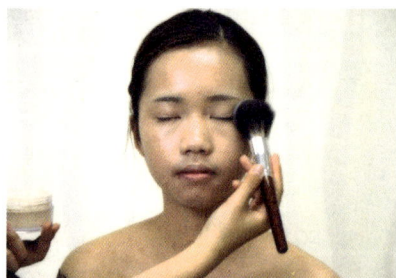

图4-1-7　可用刷子蘸定妆粉，揉匀后，直接在面部扫上薄薄的一层，再用粉扑按压紧贴　　　　图4-1-8　粉扑蘸少量定妆粉，将粉揉匀，按压于面部

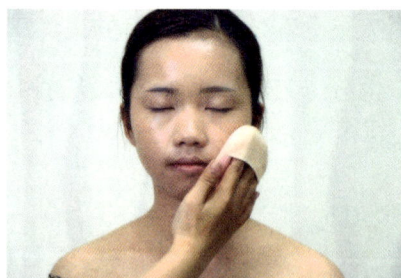

5.画眉毛（图4-1-9、图4-1-10）

6.夹睫毛，刷睫毛膏，贴假睫毛（图4-1-11至图4-1-13）

图4-1-9 用眉刷蘸眉粉刷出
自然的眉形

图4-1-10 用眉笔轻轻地勾画出眉形，
再用眉刷修补空缺

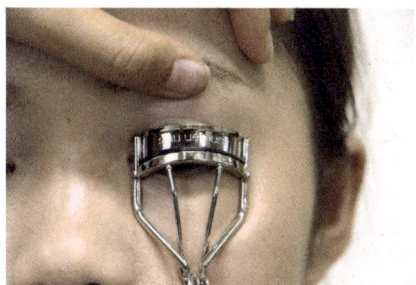

图4-1-11 夹睫毛

图4-1-12 刷睫毛膏

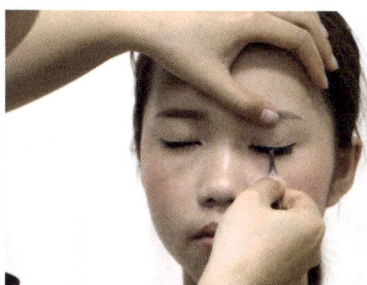

图4-1-13 贴假睫毛

7.画眼线（图4-1-14）

（1）眼线标准者可省略不画。

（2）眼睛无神者应画（画上眼线即可，下眼线不需画）。

（3）眼线的变化是前细后粗。

8.画眼影（图4-1-15）

（1）选择与服装颜色相协调的色彩。

（2）考虑年龄及出入的场合。

（3）日妆以浅淡、自然为佳，多用平涂、渐层的眼影技法。

常用色彩：浅（深）咖啡色、蓝灰色、紫罗兰色、珊瑚色、米白色、粉白色、明黄色。

常用配色：深咖啡色配明黄色、深咖啡色配米白色、蓝灰色配白色、紫罗兰色配银白色、珊瑚色配粉白色。

9.画唇

生活日妆可不画唇线，直接涂抹唇膏，色彩以浅淡自然为佳（图4-1-16）。

10.画腮红（图4-1-17）

（1）淡画，打在颧骨部位。

（2）瘦长脸形用横打的手法。

（3）宽圆脸形用竖打的手法。

11.检查整体妆面（图4-1-18）

图4-1-14　画眼线

图4-1-15　画眼影

图4-1-16　画唇

图4-1-17　画腮红

图4-1-18　整体妆面效果图

二、任务实施

学生每两人分为一组，分组对练生活日妆，并根据评价表进行评价（表4-1-1）。

表4-1-1　生活日妆练习任务评价表

评价内容	内　　容	分　值	学生自评	小组互评	教师评分
准备工作	工作区域干净整齐，工具齐全，码放整齐	10			
完成情况	护肤手法正确	10			
	粉底涂抹均匀，肤色自然，无明显浮粉，重点部位重点定妆	10			
	眼线紧贴睫毛根部，线条干净整齐，突出眼部神韵	10			
	眉形有立体感，线条精致，边缘整洁	10			
	眼影色彩搭配合理，有层次过渡	10			
	口红色彩饱满，唇形修饰合理	10			
	完成妆面效果	20			

（续表）

评价内容	内　　容	分　值	学生自评	小组互评	教师评分
职业素质	团队合作	5			
学习纪律	遵守纪律	5			

三、任务拓展

1.生活日妆的化妆步骤是什么？

2.生活日妆常用的眼影是什么颜色？

3.请利用课余时间在图4-1-19的妆面纸上化生活日妆。

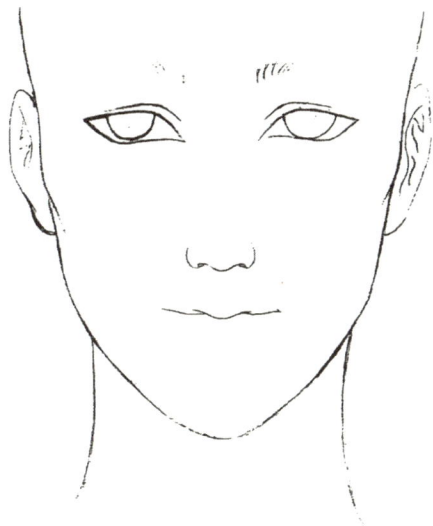

南宁市第三职业技术学校
No.3 Vocational Technical School of Nanning

姓名：　　　　　**班级：**

南宁市第三职业技术学校

图4-1-19　妆面纸

任务二　职业妆

任务目的

本任务旨在让学生学习并掌握职业妆的化法，且正确地表现妆型的特点。

任务描述

当今社会，职业妆已经成为一种职场的礼仪，职业妆属于生活妆的一种，职业女性的整体造型应以大方、优雅、简约为主。今天就让我们来学习职业妆技巧。

一、知识准备

职业妆是指女性在工作的场所根据需要并搭配服装的妆容。化妆受到工作环境的制约，它必须给人一种责任性、知识性的感觉，不妨保持本色、淡妆出场。质地较好的合体套装，清爽利落的发型，典雅加干练的妆容，都是职业女性的必备（图4-2-1）。

图4-2-1　职业妆

（一）室内妆容

1.护肤

首先要进行基础护肤，拍爽肤水，涂保湿乳（图4-2-2）。

2.底妆

杂志上那些皮肤透明无瑕的模特令人羡慕，那大多是优质粉底产生的效果。应选择与肤色接近的粉底色，若粉底色太白，会有"浮"的感觉。粉底不可涂抹过厚，可用拍打的手法薄薄施上一层，注意发际与颈部，要有自然的过渡，以免产生"面具"似的感觉。另外，应在营养霜完全吸收后再上粉，以保证均匀的效果。

如果长期待在空调房里，照明也是冷调的光源，因此，底妆要选择有保湿效果的粉底。尽量选用接近自己肤色的自然色彩（图4-2-3）。

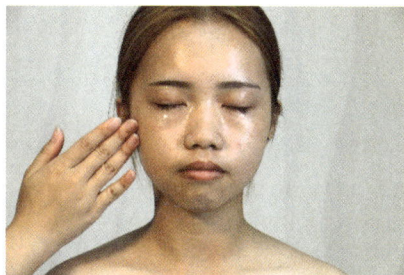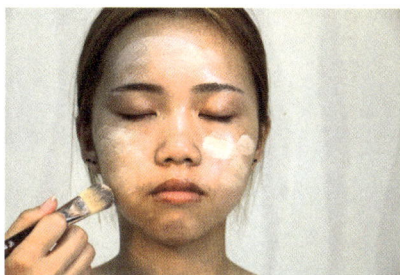

图4-2-2　基础护肤　　　　　　　　　　　　　　　　图4-2-3　上底妆

3.眉毛

职业妆画眉的原则是自然。眉毛如果太浓太深，会显得刻板不易亲近，需要及时修除一些。眉形稍粗为宜，过细或过于高挑，都给人不可信的感觉。眉色比发色稍浅，看起来最自然。浓眉可用染眉膏减淡，疏眉可用削尖的眉笔在稀疏处一根根描画，并补齐短缺部分。最后用眉刷顺着从眉头至眉尾轻轻刷拭几遍（图4-2-4）。

4.眼线

刚劲有力的眼线可以提亮眼神（图4-2-5）。

图4-2-4　职业妆画眉　　　　　　　　　　　　　　　图4-2-5　职业妆画眼线

5.眼影

挑选眼影的颜色也有很多学问，眼影颜色的挑选可以按照不同服装款式和颜色来进行搭配，越自然越好，大地色和灰色会显得比较自然，更适合职业妆（图4-3-6）。

图4-2-6　职业妆画眼影

6.睫毛

睫毛的处理一般就是夹翘睫毛，刷睫毛膏，不贴假睫毛，如果贴也只贴自然型的假睫毛。睫毛膏能使睫毛显得浓密而富有光泽，是塑造"明眸善睐"的秘密武器。以睫毛膏强调眼睛中央的睫毛，会令人感到聪明、机灵、知性；强调眼睛尾部睫毛，则可营造深邃有质感的眼神（图4-2-7）。

7.唇彩

唇彩涂于唇上，唇线不宜太明显，否则会影响整体妆容。同时，在选择唇彩颜色的时候，一定要掌握分寸，以不抢眼为好（图4-2-8）。

8.腮红

职业妆腮红的颜色应以暖调为主，为使肤色更明快，应选择粉红或橙红。腮红颜色不可强于唇彩。晕染的方法一般在颧骨的下方，外轮廓用修容饼修饰（图4-2-9）。

图4-2-7　职业妆刷睫毛膏　　　　图4-2-8　职业妆涂唇彩　　　　图4-2-9　职业妆扫腮红

9.干练的发式

可以把头发一丝不苟全部拢到脑后，扎一个干净利落的马尾辫，或盘个波波头。头发不要显得很乱，这样会给上司和同事不好的印象。

（二）室外妆容

定位：用于室外自然光下的工作和休闲妆。

特点：扬长避短是这一妆容的基本要点。室外妆用于自然光线，特别是阳光下，容易让皮肤的优缺点暴露无遗。肤质好的人，妆容可本色一些，可更多地强调"天生丽质"；肤质差一些的人，妆容应相对重一些，更好地遮盖皮肤问题，如用遮盖能力强一点的粉底等。

要点：清新自然。用于室外的职业妆应保持清新自然的基本要点，用于室外的社交妆和生活妆，可以根据场合在浓度上做相应的调整。

色彩：化妆的色彩可以明快一些，与室外活跃的气息和行动的动感相适应，更多地表现职业能力和活力。

防晒：室外化妆品最好选用具有防晒功能的复合性产品，化妆品应同时兼有防晒功能。

粉底颜色：因为室外光线充足，使用的粉底特别要注意尽量与肤色接近，不宜使用过白或过暗的产品，避免妆面与肤色冲突，造成技术拙劣和给人难以接受的感觉。

及时补妆：室外妆容不易保持，稍不小心就会引起出汗，以致妆容脱落。要细心定妆并随身携带必需的化妆品，以及时补妆。

二、任务实施

学生每两人分为一组，对练职业妆，并根据评价表进行评价（表4-2-1）。

表4-2-1　职业妆练习任务评价表

评价内容	内　容	分　值	学生自评	小组互评	教师评分
准备工作	工作区域干净整齐，工具齐全，码放整齐	10			
完成情况	护肤手法正确	10			
	粉底涂抹均匀，肤色自然，无明显浮粉，重点部位重点定妆	10			
	眼线紧贴睫毛根部，线条干净整齐，突出眼部神韵	10			
	眉形有立体感，线条精致，边缘整洁	10			
	眼影色彩搭配合理，有层次过渡	10			
	口红色彩饱满，唇形修饰合理	10			
	妆面完成效果	20			
职业素质	团队合作	5			
学习纪律	遵守纪律	5			

三、任务拓展

1.职业妆的妆面特点是什么？

2.职业妆的着装一般是什么样的？

3.请利用课余时间在图4-2-10的妆面纸上化职业妆。

南宁市第三职业技术学校
No. 3 Vocational Technical School of Nanning

姓名：   班级：

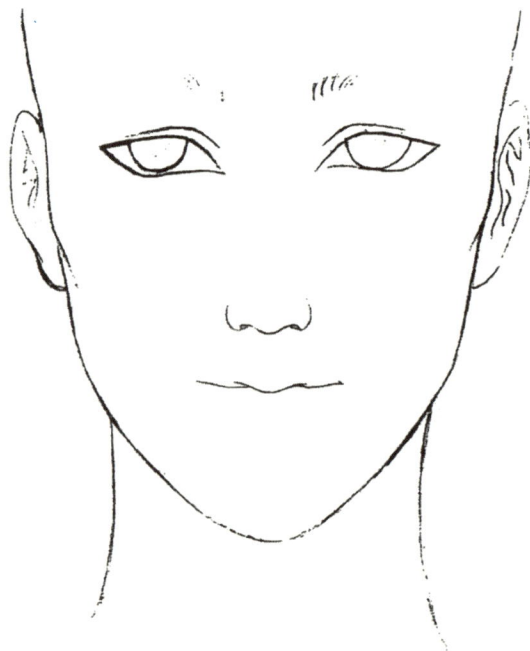

南宁市第三职业技术学校

图4-2-10 妆面纸

任务三　裸　妆

任务目的

本次任务旨在让学生学习并掌握裸妆的操作技法，且能正确地表现妆型的特点。

任务描述

裸妆是一种一般人看不出来的化妆障眼法，不需要用太浓重的色彩，但每处的色彩要想精心设计，也是很需要技巧的。下面就让我们来学习裸妆技巧。

一、知识准备

裸妆又称透明妆，裸妆的"裸"字并非"裸露"、完全不化妆的意思，而是妆容自然清新，虽经精心修饰，但并无刻意化妆的痕迹。裸妆的重点在于底妆，只用淡雅的色彩点染眼、唇及脸色即可。裸妆能令肌肤呈现出宛若天然的无瑕美感，彻底颠覆了以往化妆给人的厚重与"面具"的印象，成为时尚女性倍加宠爱的新潮妆容（图4-3-1）。

裸妆化妆步骤和技巧如下：

1.润肤

裸妆的关键在润肤，首先反复喷爽肤水及拍打脸部5～6次，让皮肤吸满水，但是喷水只是短暂的补水；然后再使用妆前乳，不仅可有效锁住水分，更能使皮肤保持光泽（图4-3-2）。

2.遮瑕

在脸上的瑕疵部位使用遮瑕膏，各种颜色的用法如图4-3-3所示。

图4-3-1　裸妆效果

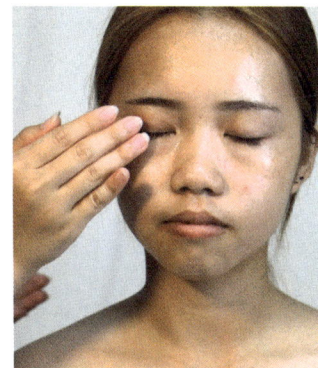

图4-3-2　润肤

紫色：能有效改善暗黄偏深的肤色

绿色：能有效遮盖红血丝，抑制发红的肤色

橘色：能有效遮盖偏青色黑眼圈、眼袋等

黄色：能有效遮盖粉刺、疤痕、黄褐斑、雀斑等

浅肤色：（提亮）T区提亮，令五官更加立体

深肤色：（暗影色）圆脸"瘦脸"的法宝

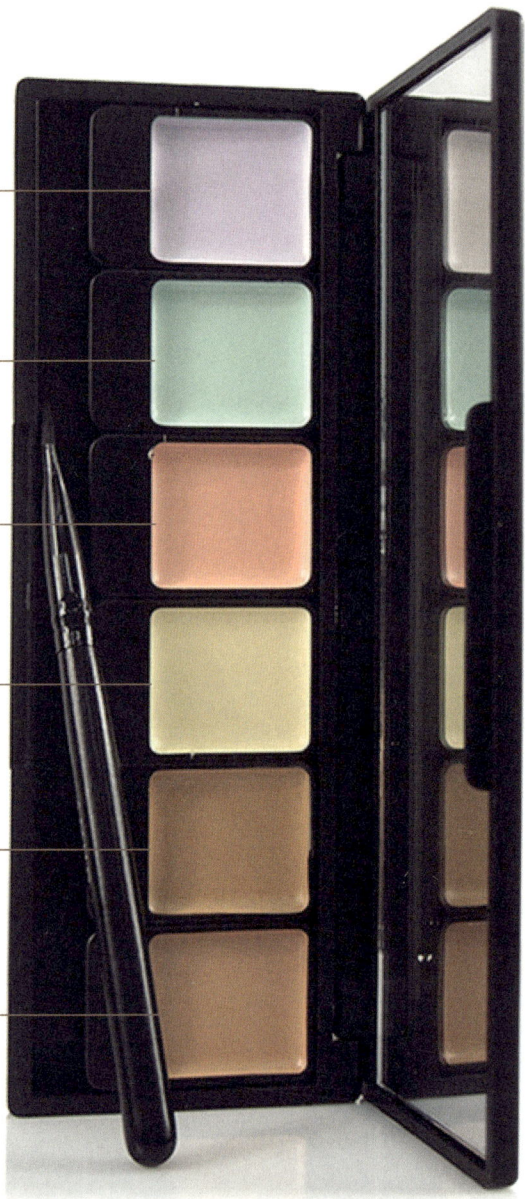

图4-3-3　遮瑕膏

3.底妆

裸妆的重点在于底妆，一定要清透、自然，这对粉底液的要求比较高，可以选择与皮肤颜色最接近的粉底，也可以在粉底液里加入贝壳提亮乳，让底妆更加透亮，打底时用手指轻轻推匀，让粉底与皮肤贴合。建议不要使用海绵，否则容易产生厚重感。粉底液用量尽可能少，这样才有轻盈的效果（图4-3-4）。

4.定妆

用粉扑将蜜粉以"点按"的方式扑在面部或用大粉刷扫蜜粉定妆，关键在于鼻部、唇部及眼部周围，这些部位要小心定妆，防止粉底脱妆（图4-3-5）。

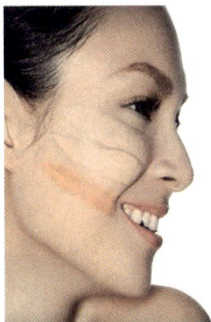

图4-3-4　底妆

图4-3-5　定妆

5.画眉

眉毛的描画以自然为佳，先用眉粉填补眉毛空隙，眉毛中间的空处用眉笔描画填充，一般裸妆常用的眉色为深棕色或咖啡色。如果眉毛比较黑，可以用染眉膏先将眉毛颜色染成浅一点的颜色后，再做进一步的工作。

6.眼线

画眼线时一定要紧贴睫毛根部，可用一只手在上眼睑处轻推，使上睫毛根充分暴露出来，画出细细一条，若隐若现即可。后眼角处可适当向后延伸拉长，可以提亮眼神。

7.眼影

裸妆对眼部妆容的要求是明亮清澈，化裸妆时，不宜选用夸张的颜色，如大地色系很适合亚洲人的皮肤。先用淡咖啡色或大地色眼影分层次打出眼部的立体感，再用米白色眼影提亮眉骨和眼头（图4-3-6）。

8.提亮

如果要打造一个完美的妆容，提亮是很关键的一步。提亮的部位主要为T区、C区、下巴三个部位（图4-3-7）。

9.腮红

腮红以自然为主，适当用点粉色系的腮红可以营造健康的气色。

10.口红

唇妆要晶莹润泽，对于韩式裸妆来说，咬唇妆很常见（图4-3-8）。

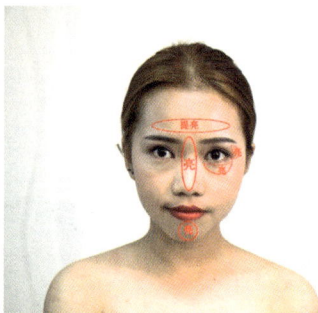

图4-3-6　眼影　　　　　　　　　图4-3-7　提亮部位　　　　　　　图4-3-8　唇妆

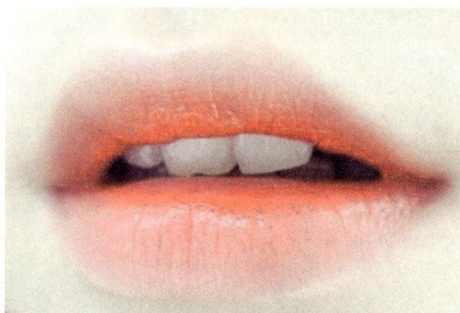

二、任务实施

学生每两人为一组，在规定时间内对练裸妆，并根据评价表进行评价（表4-3-1）。

表4-3-1　裸妆练习任务评价表

评价内容	内　　容	分　值	学生自评	小组互评	教师评分
准备工作	工作区域干净整齐，工具齐全，码放整齐	10			
完成情况	护肤手法正确	10			
	粉底涂抹均匀，肤色自然，无明显浮粉，重点部位重点定妆	10			
	眼线紧贴睫毛根部，线条干净整齐，突出眼部神韵	10			
	眉形有立体感，线条精致，边缘整洁	10			
	眼影色彩搭配合理，有层次过渡	10			
	口红色彩饱满，唇形修饰合理	10			
	完成妆面效果	20			
职业素质	团队合作	5			
学习纪律	遵守纪律	5			

三、任务拓展

1.如何打造出韩式镜面水润底妆、浪漫法式雾面底妆以及欧美3D光影立体底妆？

2.利用业余时间，给自己化一个裸妆并拍照上传至班级QQ群里。

项目五

新娘妆

任务一　新娘妆概述

任务目标

本任务旨在让学生了解并掌握新娘妆的分类及特点。

任务描述

新娘的装扮，特别注重整体美感的呈现，发型、化妆、配饰、礼服、头纱、捧花都必须精心雕饰、巧妆一番。随着时代的发展，新娘妆不是把头发盘上，穿上婚纱这么简单，新娘妆也有很多种不同的风格，今天就让我们来学习新娘妆的分类及特点。

一、知识准备

1.温婉韩式新娘妆容造型

韩式唯美风新娘妆整体给人感觉温文尔雅，妆容要注重粉底薄透的质感，底妆水嫩白亮有光泽，睫毛自然（或不贴假睫毛），眼影喜欢用柔金或裸橘色、粉橘色，也有用咖啡色的。美目贴不应贴太大，尽量营造微笑时弯曲的眼形，眼线前半部画成弧形后半部平拉，眉毛偏平和，腮红轻扫，咬唇妆，搭配盘发，更显优雅。韩式新娘妆容造型的主体在后发区，前区可以是光洁的额头或简约的刘海，整体发型比较干净整齐，搭配的发饰都比较精致小巧。色彩配比要淡雅、水润，这样才更能体现韩式妆容造型（图5-1-1）。

图5-1-1　韩式新娘妆容造型

2.萌美日系新娘妆容造型

日系新娘妆容造型注重体现妩媚的小女人气质，有芭比娃娃的感觉。眼睛大大的、圆圆的，一般佩戴美瞳，眼线画得比较短，营造小女孩的感觉，上下睫毛都用心处理，眼影多为裸粉、裸橘色，追求自然随意的感觉，眉毛一般为咖啡色，唇一般为粉嫩色，颜色较柔和，妆面感不强，但是气色很好，发型多为卷发或精致的盘发结合挑发丝做卷的效果。鲜花和一些女人味十足的饰品运用较多，妆容淡雅，色彩柔和，随意感比较强（图5-1-2）。

3.复古系新娘妆容造型

复古系新娘妆容造型主要打造新娘高贵大气的感

图5-1-2　日系新娘妆容造型

觉，分为轻复古、轻奢复古、重复古新娘妆容等。轻复古的造型主要是某个点复古，妆容如只是唇或者眼妆复古，或者只是发型复古；轻奢复古的特点是眼妆不浓，复古点主要是头饰复古，唇特别浓；重复古的妆面立体，发型干净复古，妆面有多个复古点。赫本头是复古发型的一个典型代表，还有手推波纹也是复古的代表。这种妆型往往会搭配奢华的水钻类的饰品，整个妆容造型显得奢华大气，我们偶尔也用蝴蝶结等装饰营造高贵且可爱的感觉（图5-1-3至图5-1-5）。

图5-1-3　轻复古妆容造型

图5-1-4　轻奢复古妆容造型

图5-1-5 重复古妆容造型

4.森系新娘造型

近几年，森系新娘造型越来越受到新娘的青睐，纯净唯美的新娘造型总是能让人有一种不食人间烟火的感觉，甜美靓丽。森系新娘发型，不受拘束的灵动抽丝，加上发丝间的花朵修饰，起到了减龄的作用，又仙气十足，如同坠入凡间的花仙子一般（图5-1-6）。

图5-1-6 森系新娘妆容造型

5.中式新娘妆容造型

纯中式的婚礼得到很多新人的青睐，既古典又时尚。一般中式婚礼是将中国的传统服饰秀禾服等作为结婚当天的主要服饰，搭配整个场地的中式风格设计，呈现古典之美。化妆则选用红色、橙色等暖色系为主色调，与服装色调协调统一，充分表现喜庆的气氛。造型以各种发片、发包与真发相互结合，配合古典饰品，塑造现实与古典相互交织的穿越之美（图5-1-7）。

6.时尚新娘妆容造型

时尚随时代而产生变化，娱乐明星是引领时尚的风向标。时尚新娘妆容多为个性化的新娘造型，一般用于摄影、T台表演、舞台表演和戏剧表演当中（图5-1-8）。

图5-1-7　中式新娘妆容造型

图5-1-8　时尚新娘妆容造型

二、任务实施

请仔细观察图5-1-9所示的各种造型，并指出图片妆容的特点。

图5-1-9　新娘妆容造型

三、任务拓展

1.新娘妆造型有哪些类型？它们的特点分别是什么？

2.请在图5-1-10的妆面纸上设计一款新娘造型。

南宁市第三职业技术学校
No. 3 Vocational Technical School of Nanning

姓名：　　　　　　班级：

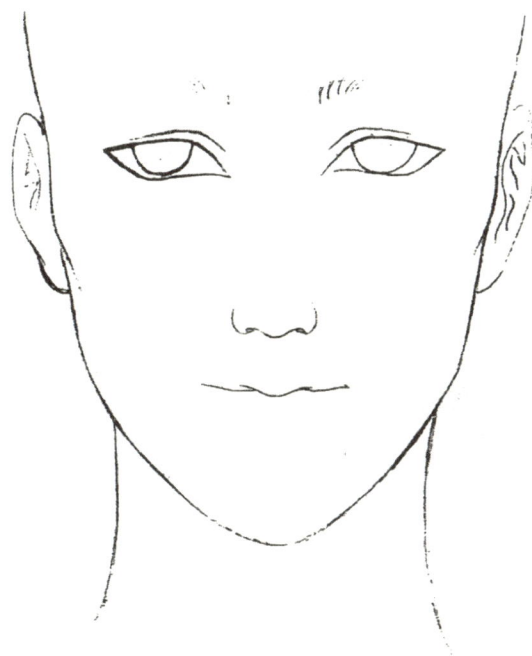

南宁市第三职业技术学校

图5-1-10　妆面纸

任务二 森系新娘妆造型

任务目标

本任务旨在让学生了解并掌握森系新娘妆造型的特点及操作技巧。

任务描述

想要在婚礼上魅力四射，新娘妆造型是不可或缺的，有韩式的优雅，有日式的萌美，有欧式的高贵时尚，也有森系的清新脱俗，每种风格的新娘妆造型都能让新娘在婚礼中惊艳全场。今天我们就来学习森系新娘妆造型。

一、知识准备

森女造型早期主要用于写真摄影，体现唯美清新的感觉，妆容淡雅、柔和、自然。近几年，森系新娘造型越来越受到新娘的青睐，纯净唯美的新娘造型总能让人有一种不食人间烟火的感觉，甜美靓丽（图5-2-1）。

图5-2-1 森系新娘妆造型

（一）森系新娘妆特点

1.妆面：在妆容的处理上比较偏向于日系新娘妆容，萌美清新。

2.发型：可以选择自然垂发或者各种形式的盘发。不受拘束的灵动抽丝，加上发丝间的花朵修饰，起到了减龄的作用，又让新娘看起来仙气十足，如同坠入凡间的花仙子一般。

3.配饰：大多选择蕾丝、各种造型的纱、花草、蝴蝶等质感柔和的饰品，不用皇冠等金属质感的饰品。森系鲜花造型中鲜花是化妆师手中的宠儿，灵动地抽丝与唯美鲜花的完美搭配，点缀的鲜花头饰清新浪漫，仙气十足，清新灵动，可爱唯美，不追求奢华复杂，能够将新娘娇羞和婉约的气质完美地展现出来（图5-2-2）。

（二）发型设计的过程及技巧

1.造型手法：烫卷、三股辫加续发、拉丝。

2.造型技巧：扎完马尾后，需要将后面的头发用气垫梳梳理出柔美的弧度。

（三）具体操作步骤

1.将头发用25号电卷棒以内扣的方式烫卷，烫发时需要提拉发根，使发根更加蓬松，然后把头发分为前后两个区，将后区的头发用橡皮筋扎成低马尾（图5-2-3）。

2.在右前区取发片，并将其分为均匀的三份（图5-2-4）。

图5-2-2　用花草做饰品

图5-2-3　头发分前后两个区

3.然后用三股辫加续发的手法对右侧刘海区的头发进行编发，拉松并调整辫子，使其饱满，打造出凌乱、随意的感觉（图5-2-5）。

4.将发辫绕过马尾的皮筋用夹子固定（图5-2-6）。

5.左侧头发以同样的手法进行编发（图5-2-7）。

图5-2-4　右前区取三等份发片

图5-2-5　编发并调整

图5-2-6　发辫绕过马尾

图5-2-7　编左侧头发

6.调整顶区及发辫的饱满度，将发饰佩戴在前区与后区头发之间，使整体衔接更自然（图5-2-8）。

图5-2-8　森系新娘妆造型效果图

二、任务实施

学生每两人分为一组，对练森系新娘妆造型，并根据评价表进行评价（表5-2-1）。

表5-2-1　森系新娘造型妆练习任务评价表

评价内容	内　容	分　值	学生自评	小组互评	教师评分
准备工作	工作区域干净整齐，工具齐全，码放整齐	10			
完成情况	妆面完成效果	20			
	发型完成效果	20			
	发饰符合森系新娘妆特点	20			
	整体效果	20			
职业素质	团队合作	5			
学习纪律	遵守纪律	5			

三、任务拓展

1.课后请上网收集5张森系新娘妆造型图片，并上传到班级QQ群里。

2.请模仿图5-2-9中的造型，在图5-2-10的妆面纸上化出森系新娘妆造型。

图5-2-9　森系新娘妆造型

南宁市第三职业技术学校
No. 3 Vocational Technical School of Nanning

姓名：　　　　　班级：

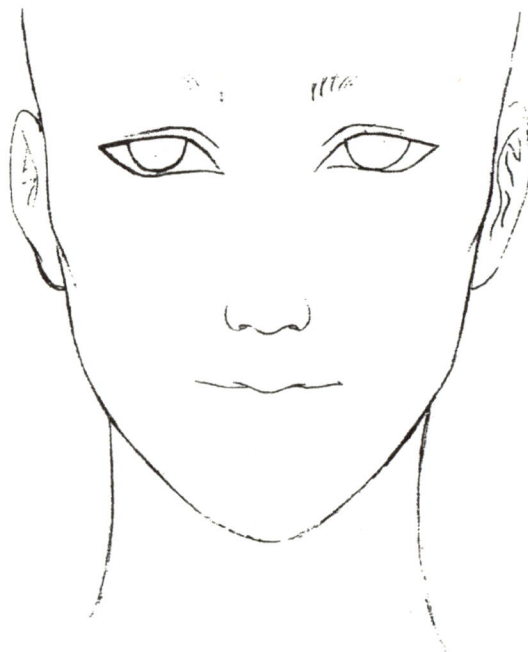

南宁市第三职业技术学校

图5-2-10　妆面纸

任务三　复古水波纹新娘妆造型

任务目标

本任务旨在让学生掌握复古水波纹新娘妆造型的方法及技巧。

任务描述

时尚界一直偏爱复古造型，今天这款造型同样是以复古的水波纹纹理为主，这款造型并没有太多花哨的装饰，只用鲜花做装饰，但是却显得简约优雅，更有韵味。下面大家就来学习复古水波纹新娘妆造型。

一、知识准备

水波纹是一种比较特别的造型，之所以被称为水波纹，主要是因为它打造出来的效果就像是水面上被风吹起的层层水波，复古、柔和又不失灵动感，让人无法忽视它的存在。而不同的水波纹打造出来的效果也是不相同的。

具体步骤如下。

1.将头发用22号电卷棒烫卷，每次分区烫卷都要朝同一方向（图5-3-1）。

2.从顶点向耳后将头发分为前后两个区（图5-3-2）。

图5-3-1　朝同一方向烫发

图5-3-2　头发分为前后两个区

3.将刘海进行三七斜分，然后用二股扭辫加续发的手法对右侧刘海区的头发进行编发（图5-3-3）。

4.将发辫沿发际线一直往后编，注意一边编发一边拉丝，拉出蓬松感及空气感，然后用夹子固定在后脑勺（图5-3-4）。

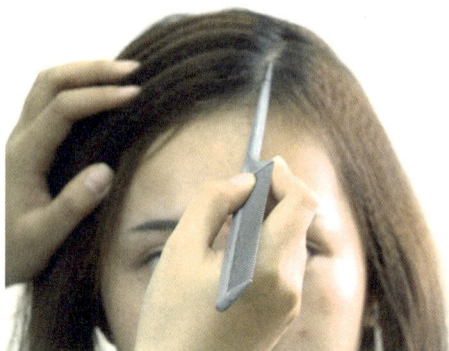

图5-3-3 三七斜分

图5-3-4 编发并调整

5.左侧头发以同样的手法进行编发。

6.用气垫梳梳顺，并涂抹适量的发油使其顺滑、有光泽（图5-3-5）。

7.在头发的波纹处用鸭嘴夹夹住，并喷发胶固定（图5-3-6）。

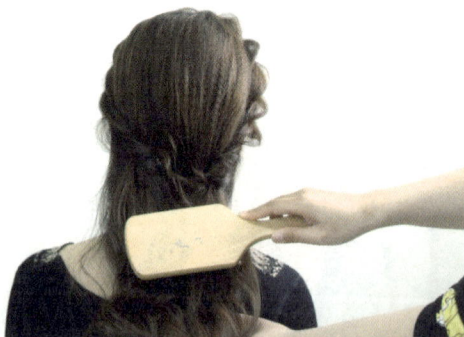

图5-3-5 气垫梳梳顺头发

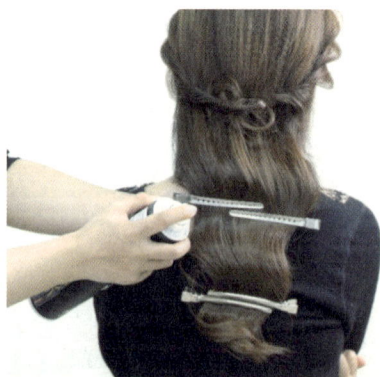

图5-3-6 固定头发

8.调整顶区及发辫的饱满度，最后用饰品点缀（图5-3-7）。

图5-3-7　复古水波纹新娘妆造型效果图

二、任务实施

学生每两人为一组，对练复古水波纹新娘妆造型，并根据评价表进行评价（表5-3-1）。

表5-3-1　复古水波纹新娘妆造型练习任务评价表

评价内容	内　　容	分　　值	学生自评	小组互评	教师评分
准备工作	工作区域干净整齐，工具齐全，码放整齐	10			
完成情况	妆面完成效果	20			
	发型完成效果	20			
	发饰符合复古水波纹新娘妆特点	20			
	整体效果	20			
职业素质	团队合作	5			
学习纪律	遵守纪律	5			

三、任务拓展

1.水波纹造型烫发手法有几种？请上网收集两种不同的水波纹造型手法视频并把链接发到班级QQ群里。

2.请利用课余时间练习复古水波纹新娘妆造型，并把作品拍照上传到班级QQ群里。

任务四　中式新娘妆造型

任务目标

本任务旨在让学生掌握中式新娘妆造型的方法及技巧。

任务描述

中式新娘妆具有浓厚的中国风，古典的优雅能将中国女性的美丽发挥到极致，中式新娘妆造型独特的东方美、端庄、大气，越来越从新娘妆造型中脱颖而出，成为新娘们的新宠，今天就让我们来学习中式新娘妆造型。

一、知识准备

中式新娘妆是比较古典的，中国人喜爱红色，认为红色是吉祥的象征。所以传统婚礼习俗总以大红色烘托着喜庆、热烈的气氛，整个婚礼的主色调是红色，大红盖头、凤冠霞帔、红唇等都是中式新娘妆所必须具备的一些元素（图5-4-1）。

图5-4-1　中式新娘妆造型

（一）中式新娘妆的特点

妆色：中国人喜欢红色，当然喜庆的日子就更离不开红色了，红色让气氛更喜庆、更热烈。自然的红色妆会让新娘子更加娇媚。中国人的审美观点向来以"白"为美，因此粉底色宜选用白皙度较高的粉底，而在轮廓的明暗处理上跨度并不明显，面部五官比较柔和。

服装：中式新娘妆有两种。一种是传统的秀禾服；另一种是旗袍，更能突显新娘的曲线美。新娘的首饰最好以黄色或红色为主，可以更好地彰显雍容华贵。

眼妆：一般传统婚礼上新娘的眼妆不要化得太花哨，最好不要用绿色、黄色和紫色，这样会显得太轻佻的。中式礼服多用红色，眼妆的色彩选择暖色调最为适合。

眉毛：眉毛的颜色不要太浓，形状要弯得自然，颜色用自然色或棕黑色最好。在中式婚礼或韩式婚礼上，新娘的眉形是有区别的，不能一味追求韩式的眉形。

腮红：浅浅、淡淡的感觉最好，能够制造出白里透红的效果。配合暖色调的礼服和妆容，腮红也可以选择橘色。

唇妆：唇色一定要与服装、眼影等颜色统一，一些不沾杯的口红这时候就可以派上用场了，唇妆是中式新娘妆的重点，色彩应该更鲜艳。

（二）造型实例

1.首先洁面，然后拍爽肤水，再用乳液保湿（图5-4-2）。

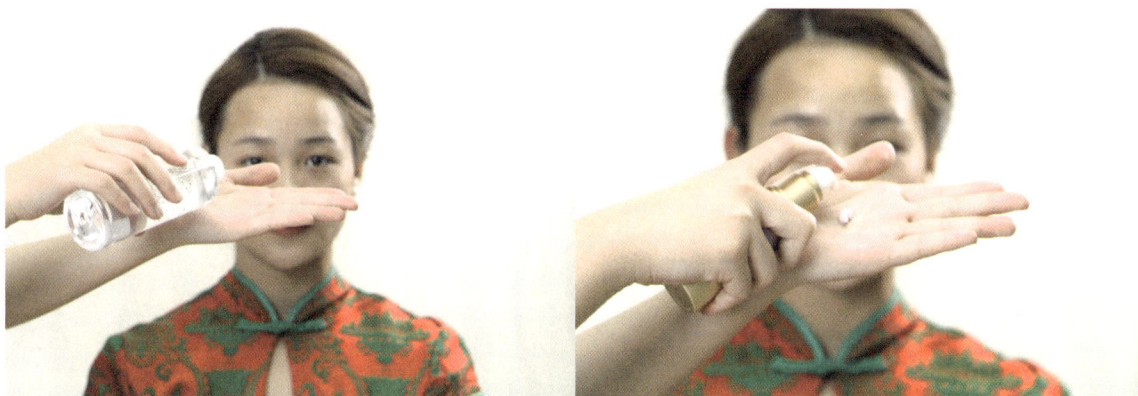

图5-4-2 护肤

2.上隔离乳（图5-4-3）。

3.涂遮瑕膏，遮盖黑眼圈及脸部瑕疵（图5-4-4）。

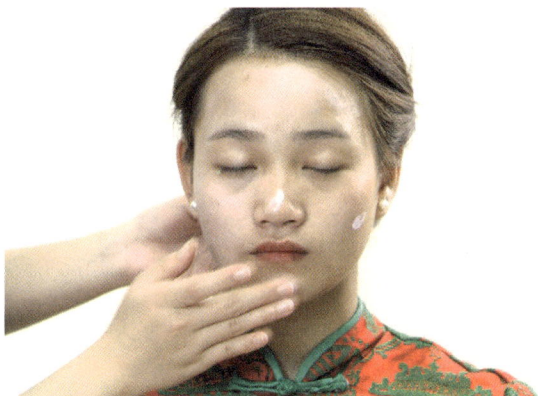

图5-4-3 隔离乳

图5-4-4 遮瑕膏

4.用粉底刷在脸上涂抹接近肤色的粉底液（图5-4-5）。

5.用湿的海绵扑以按压的手法，使粉底液服帖均匀（图5-4-6）。

图5-4-5　涂抹粉底液

图5-4-6　均匀按压粉底液

6.用棉扑上定妆粉（图5-4-7）。

7.用棕色眉笔画眉（图5-4-8）。

图5-4-7　定妆粉

图5-4-8　画眉

8.用红色眼影晕染（图5-4-9）。

9.描画眼线（图5-4-10）。

图5-4-9　涂眼影

图5-4-10　画眼线

10.刷红色腮红（图5-4-11）。

11.涂大红色口红（图5-4-12）。

12.头饰采用中式的发簪（图5-4-13）。

图5-4-11　刷腮红

图5-4-12　涂口红

图5-4-13　中式新娘妆造型效果图

二、任务实施

学生每两人为一组，对练中式新娘妆造型，并根据评价表进行评价（表5-4-1）。

表5-4-1　中式新娘妆造型练习任务评价表

评价内容	内　容	分　值	学生自评	小组互评	教师评分
准备工作	工作区域干净整齐，工具齐全，码放整齐	10			
完成情况	妆面完成效果	20			
	发型完成效果	20			
	发饰符合中式新娘妆特点	20			
	整体效果	20			
职业素质	团队合作	5			
学习纪律	遵守纪律	5			

三、任务拓展

1.请上网收集至少10张不同的中式新娘妆造型图，并上传到班级QQ群里。

2.在图5-4-14的妆面纸上设计一款中式新娘妆造型。

南宁市第三职业技术学校　姓名：　　　　班级：
No. 3 Vocational Technical School of Nanning

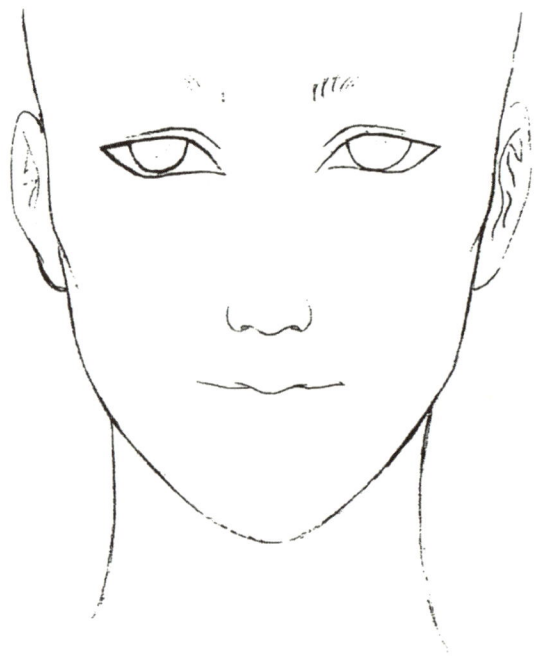

南宁市第三职业技术学校

图5-4-14　妆面纸

项目六

晚宴妆

任务一　晚宴妆的分类

任务目标

本任务旨在让学生了解晚宴妆的分类及特点，并学会运用。

任务描述

晚宴妆造型是适用于晚会、晚宴，与新娘妆造型相比在色彩上更大胆、更丰富。妆色要浓而艳丽，五官轮廓清晰，五官描画可适当夸张，突出立体感，选色大胆，以冷色调为主，今天就让我们一起来学习晚宴妆造型。

一、知识准备

（一）晚宴妆概念

晚宴妆适用于气氛较隆重的晚会、宴会等高雅的社交场合，一般用于夜晚。人们服饰讲究，一般要求穿着礼服或正规服装。由于灯光较暗，五官轮廓显得不够清晰，所以妆色要浓而艳丽、丰富而无局限性。五官描画可适当夸张，强调面部凹凸层次，明暗对比要强，重点突出深邃明亮的

图6-1-1　晚宴妆

迷人眼部和唇部。要求妆色与服饰、发型协调一致。色彩对比强烈，搭配丰富，由于一般在灯光的环境下活动，因此妆面色彩要比一般日妆、生活妆浓，用色比日妆大胆丰富，充分展现女性的个性美（图6-1-1）。

（二）晚宴妆的分类

1.公务型晚宴妆

公务型晚宴妆应用于出席较为严肃的正式宴会，造型不宜夸张，线条柔和自然，妆色宜选择含蓄典雅，中低明度和纯度的色彩，塑造端庄高贵的形象（图6-1-2）。

图6-1-2　公务型晚宴妆

2.社交型晚宴妆

社交型晚宴妆应用于生活中的正式社交场合，要求出席这种场合的女性形象端庄、高雅，言行举止符合礼仪习惯。一般在室内，灯光华丽朦胧，因此妆面色彩可适当浓艳一点，充分表现女性高雅、华贵、妩媚的特点（图6-1-3）。

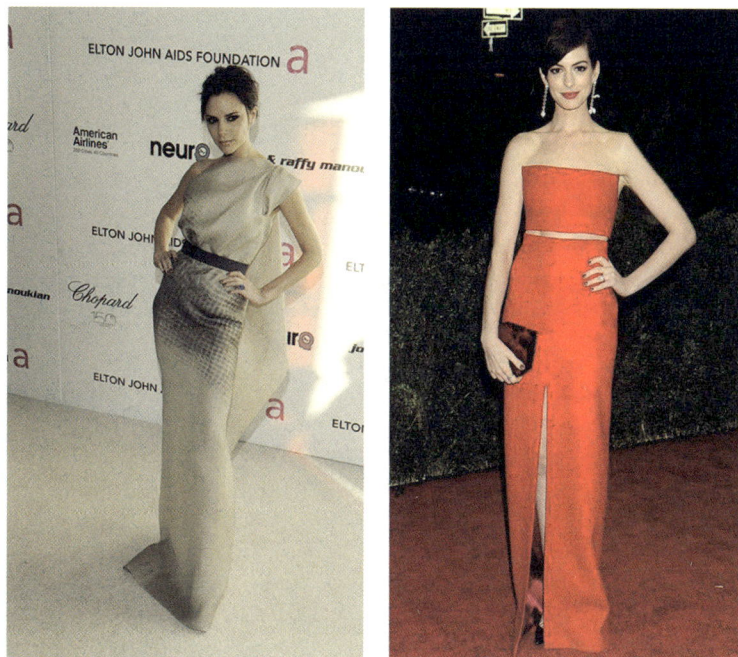

图6-1-3　社交型晚宴妆

3.创意型晚宴妆

创意型晚宴妆应用于参赛、展示或技术交流，具有很强的创造性。造型可以发挥大胆的想象，标新立异，采用强对比的色彩来表现热情活泼的气氛，以突出化妆对象的个性特征（图6-1-4）。

图6-1-4　创意型晚宴妆

4.派对型晚宴妆

派对型晚宴妆应用于出席气氛较为轻松、热烈的酒会，造型可以适度夸张，妆色可选择时尚流行色彩，塑造或轻松浪漫，或冷艳妩媚的形象，但是不可过于怪异（图6-1-5）。

图6-1-5　派对型晚宴妆

5.生活型晚宴妆

生活型晚宴妆是指在晚上灯光下出席非正式场合的妆容。由于是晚上，所以一般妆面比日妆浓，可以佩戴稍夸张的饰品（图6-1-6）。

图6-1-6　生活型晚宴妆

二、任务实施

请模仿图6-1-7所示的晚宴妆，在图6-1-8的妆面纸上设计一款晚宴妆造型。

图6-1-7　晚宴妆

南宁市第三职业技术学校
No. 3 Vocational Technical School of Nanning

姓名：　　　　　　**班级：**

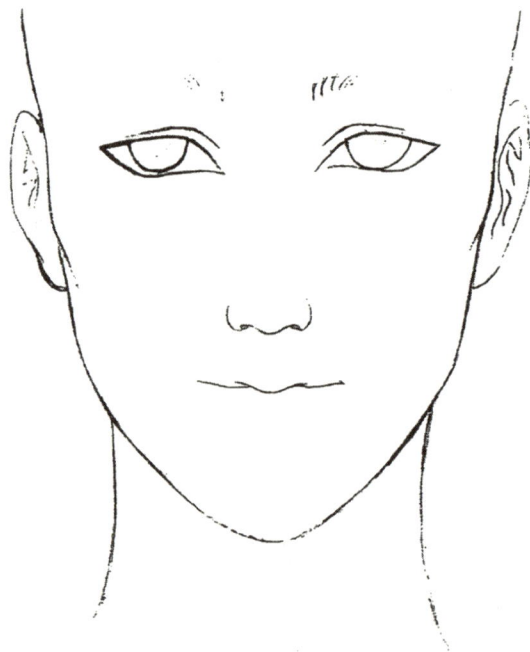

南宁市第三职业技术学校

图6-1-8　妆面纸

任务二 派对型晚宴妆

任务目标

本任务旨在让学生了解派对型晚宴妆的妆面特点，并学会运用。

任务描述

派对型晚宴妆造型多用于比赛、展示，在色彩上更大胆丰富。妆色要浓而艳丽，五官轮廓清晰，五官描画可适当夸张，突出立体感，选色大胆，以冷色调为主。今天就让我们一起来学习派对型晚宴妆。

一、知识准备

派对型晚宴妆：出席气氛较为轻松、热烈的酒会，造型可以适度夸张，妆色可选择时尚的色彩，塑造或轻松浪漫，或冷艳妩媚的形象，但是不可过于怪异。

二、实操演示

1.用修眉刀修眉（图6-2-1）。

2.护肤，拍爽肤水（图6-2-2）。

3.涂隔离（图6-2-3）。

图6-2-1 修眉

图6-2-2 护肤

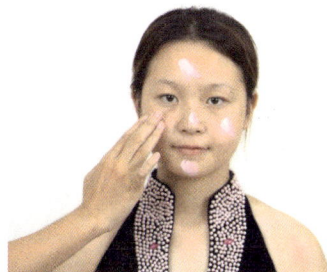
图6-2-3 涂隔离

4.用粉底刷涂粉底液（图6-2-4）。

5.用湿海绵扑点压均匀，使粉底服帖（图6-2-5）。

6.上定妆粉（图6-2-6）。

图6-2-4 涂粉底液

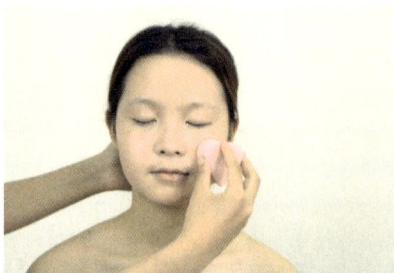
图6-2-5 均匀按压粉底液

图6-2-6 上定妆粉

7.用眉粉填充,勾画眉形(图6-2-7)。

8.用咖啡色眉笔画眉(图6-2-8)。

9.贴美目贴,调整眼形(图6-2-9)。

图6-2-7 勾画眉形

图6-2-8 画眉

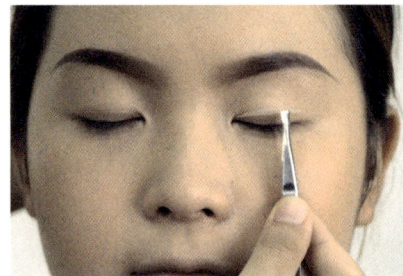
图6-2-9 贴美目贴

10.用深蓝色眼影,采用立体加平涂的手法涂抹(图6-2-10)。

11.用睫毛夹夹翘睫毛(图6-2-11)。

12.贴假睫毛修饰眼睛(图6-2-12)。

图6-2-10 涂眼影

图6-2-11 夹翘睫毛

图6-2-12 贴假睫毛

13.用眼线液笔画眼线(图6-2-13)。

14.涂鼻侧影,增加鼻子的立体感(图6-2-14)。

15.用口红刷涂口红,可以涂稍深一点的颜色(图6-2-15)。

图6-2-13 画眼线

图6-2-14 涂鼻侧影

图6-2-15 涂口红

16.刷腮红，根据模特的脸形可往上斜扫腮红（图6-2-16）。

17.戴头饰，完成作品（图6-2-17）。

图6-2-16 刷腮红

图6-2-17 完成效果图

三、任务实施

学生每两人分为一组，在规定时间内轮流操作化晚宴妆，完成后按照下表进行评比（表6-2-1）。

表6-2-1 晚宴妆练习任务评价表

评价内容	内 容	分 值	学生自评	小组互评	教师评分
完成情况	准备工作	10			
	底妆	20			
	眼部	30			
	唇部	30			
职业素质	团队合作	5			
学习纪律	遵守纪律	5			

四、任务拓展

1.上网收集晚宴妆造型图片不少于10张，并制成电子小相册分享到班级QQ群里。

2.在图6-2-18的妆面纸上用彩铅设计一款晚宴妆造型。

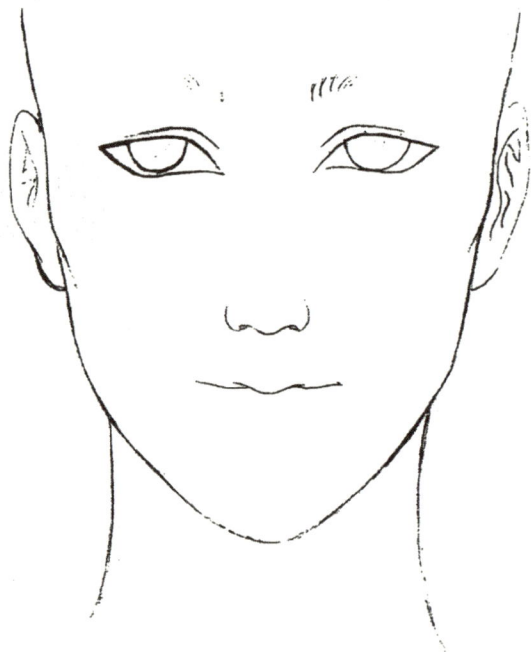

南宁市第三职业技术学校
No. 3 Vocational Technical School of Nanning

姓名：　　　　　　　班级：

南宁市第三职业技术学校

图6-2-18　妆面纸

项目七

其他妆容

任务一 男士妆

任务目标

本任务旨在让学生掌握男士化妆的方法及技巧。

任务描述

女士化妆是为展现她们的娇俏艳丽，可以大胆用色，造型可温婉、可夸张、可复古、可时尚。男士化妆则大不相同，讲求自然顺眼，与其原本的肤色匹配，而且要不着痕迹。为达到自然、阳刚的化妆效果，男士化妆的技巧比女士更讲究、更细致。下面就让我们一起来学习男士化妆的基本技巧。

一、知识准备

（一）男士妆容的特点

男士化妆的重点是表现脸部的立体感与健康色泽，体现出自然、大方、阳刚之美，化妆要以整体形象为主，如加强眼睛的亮度，提高皮肤质感，整理眉毛形状，轻微修改唇形和调整唇色，发型大方、精神、干净。

粉底：必须根据模特的原有肤色进行选择，男性的脸形以结构清楚明朗为佳。在上底妆色时要尽量打得薄一些。少用定妆粉，不要有胭脂粉气，如果模特本身的皮肤没有太多的缺点，可以直接用散粉进行调整（图7-1-1）。

图7-1-1 粉底

眼影：在男性妆容上不要露出眼影痕迹。如果本人的条件很好，可以不用涂眼影，以免画蛇添足。眼影和眼线同样以自然为原则，颜色以咖啡色和灰色为主。眼线尽量靠近睫毛根部，以咖啡色的眼影在眼窝处轻刷，表现出立体感（图7-1-2）。

图7-1-2 眼影

眉毛：要体现男性眉毛的阳刚之气，要有个性特征，眉形可以用无色睫毛膏加强睫毛的密度。眉毛可用眉刷蘸取少量灰褐色或者灰黑色眉粉淡淡刷上，用眉刷刷出眉形（图7-1-3）。

腮红：男士腮红用纯度较高的油彩，以求其透明度。最好用手指来打男士腮红，因为手指的灵敏度较高（图7-1-4）。

嘴唇：通常只是做简单的润唇处理，使其自然、饱满，口红以涂裸色为主（图7-1-5）。

图7-1-3 眉毛

图7-1-4 腮红

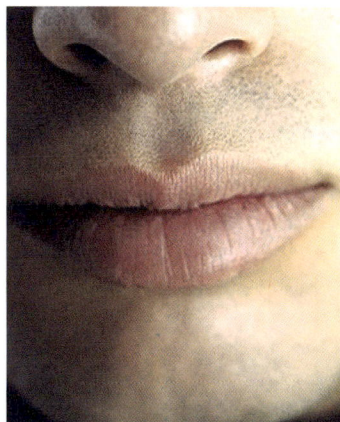

图7-1-5 嘴唇

（二）实操示范

1.用爽肤水润肤（图7-1-6）。

2.用接近肤色或比肤色稍暗的粉底打底（图7-1-7）。

3.用散粉定妆（图7-1-8）。

4.画眉，用眉粉填充，勾画出眉形（图7-1-9）。

5.用眉笔画眉，一般男士以剑眉为主（图7-1-10）。

6.用口红刷涂裸色亚光口红（图7-1-11）。

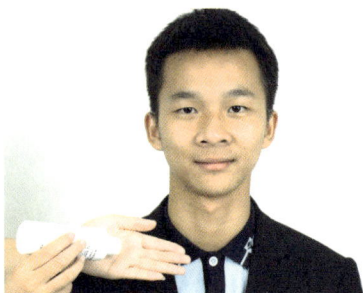

图7-1-6　使用爽肤水

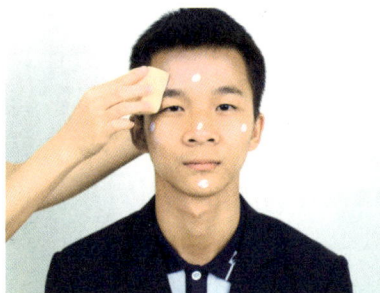

图7-1-7　涂抹粉底

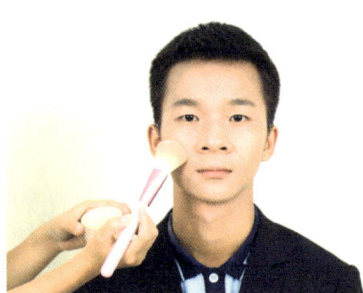

图7-1-8　散粉定妆

图7-1-9　勾画眉形

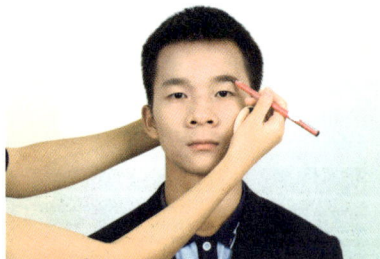

图7-1-10　画眉

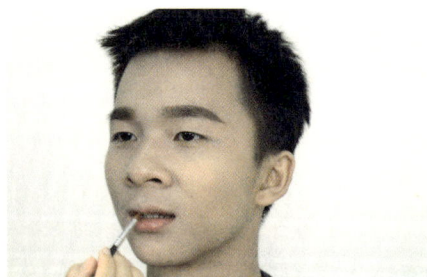

图7-1-11　涂口红

7.用腮红刷轻扫橘色腮红（图7-1-12）。

8.用发蜡抓发作造型（图7-1-13、图7-1-14）。

9.完成作品（图7-1-15）。

图7-1-12　刷腮红

图7-1-13　使用发蜡

图7-1-14　作造型

图7-1-15　完成效果图

二、任务实施

学生每两人为一组，在规定的时间内对练男士妆容，并根据评价表进行评价（表7-1-1）。

表7-1-1　男士妆容练习任务评价表

评价内容	内　容	分　值	学生自评	小组互评	教师评分
完成情况	准备工作	10			
	底妆	20			
	眼部	20			
	眉毛	25			
	唇部	15			
职业素质	团队合作	5			
学习纪律	遵守纪律	5			

三、任务拓展

1.男士妆容及发型的特点有哪些？

2.请在纸上画男士剑眉，每位同学画5张（图7-1-16）。

眉形练习

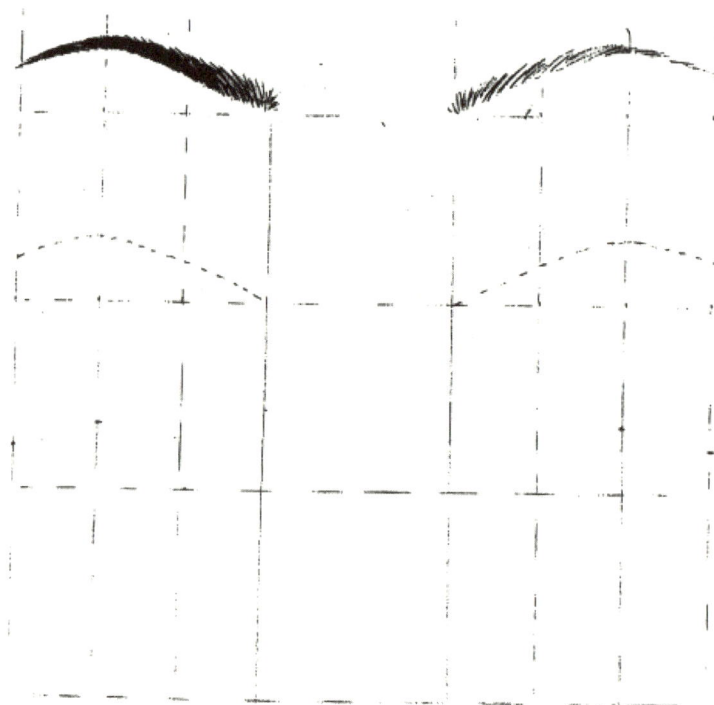

成　　绩：＿＿＿＿＿＿

日　　期：＿＿＿＿＿＿

要求：对称画出双倒眉形，线条干净流畅，虚实有致，立体感强。

教师签名：＿＿＿＿＿＿

南宁市第三职业技术学校

图7-1-16　眉形练习纸

任务二　烟熏妆

任务目标

本任务旨在让学生了解烟熏妆妆面特点，并学会运用。

任务描述

烟熏妆多运用于西方欧美国家T台模特的妆容，烟熏妆给人的感觉是成熟、魅惑和神秘，在时装片、T台秀、舞台妆及时尚杂志中的造型拍摄中比较常见，今天就让我们一起来学习烟熏妆。

一、知识准备

"烟熏妆"这个词的来源，通常认为是由于这种化妆技术突破了眼线和眼影泾渭分明的惯例，从睫毛根部到眉骨之间的眼窝部分由深到浅晕染成一片的画法。因为看不到色彩间相接的痕迹，如同烟雾弥漫，而又以黑灰色为主色调，看起来像炭火熏烤过的痕迹，所以被形象地称作烟熏妆（图7-2-1）。

图7-2-1　烟熏妆

（一）烟熏妆的注意事项

禁忌一：粗眼线

烟熏妆最重视的就是晕染的技巧，要将颜色推出深浅的渐层感，许多女生直接用眼线笔在眼褶处画上粗粗的眼线，但由于只画眼线并没有将颜色推均匀，在眼睛四周黑乎乎的一圈，整体的妆容看起来很不干净。

禁忌二：蟑螂脚

烟熏妆的另一个重点，就是搭配浓密却又根根分明的睫毛，让眼睛显得大而有神。时下许多女生将睫毛刷得太过浓密，常常让睫毛纠缠的像蟑螂脚一样，看起来让人觉得脏脏的。

刷睫毛膏的技巧就在于刷上第一层之后，一定要等睫毛膏干了后，再刷上第二层，这样就能避免睫毛彼此粘黏的情况产生。

禁忌三：唇妆重

彩妆的重点向来是眼、唇择一，既然烟熏妆的重点是在眼睛，唇部及腮红就忌讳刷得大红大紫。

唇部可使用淡淡的接近裸妆的唇色带过；腮红则着重在修容，不要将双颊刷得红彤彤，像刚晒过太阳一样，反倒会显得不搭调（图7-2-2）。

图7-2-2　唇妆不宜过浓

（二）实操示范

1.打完底妆后，在眼睛下方扑点干粉，以防在化烟熏妆的过程中晕妆（图7-2-3）。

2.用小的眼影刷，在眼睑的后三分之一处开始晕染，这也是整个烟熏妆色彩最重的位置，采用立体加水平的手法反复晕染几次（图7-2-4）。

3.换一支中号的眼影刷，刷眼影的边界线（图7-2-5）。

4.弱化眼影的边界线，营造一种有影无边的感觉（图7-2-6）。

图7-2-3　眼睛下方扑干粉

图7-2-4　晕染

图7-2-5　刷眼影边界线

5.在晕染眼影的过程中，要经常拿扇形刷把掉在下眼皮处的眼影扫走，随时注意避免晕妆（图7-2-7）。

6.换小眼影刷继续晕染，每次都从色彩最重的位置开始晕染，不断重复步骤2-4（图7-2-8）。

| 图7-2-6　弱化眼影边界线 | 图7-2-7　扫走掉下的眼影 | 图7-2-8　继续晕染 |

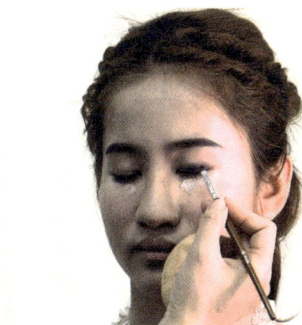

7.画下眼睑时，在后眼尾处画上黑色的眼影，做好上下眼影的衔接工作（图7-2-9）。

8.眼尾处要填满，使用深色眼影来上色，在上下眼睑外眼角的地方，顺着外眼角有意识地拉长，并勾勒出大眼睛的效果（图7-2-10）。作品欣赏如图7-2-11所示。

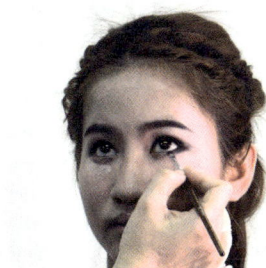

| 图7-2-9　画下眼影 | 图7-2-10　眼尾处填满 | 图7-2-11　烟熏妆作品欣赏 |

二、任务实施

学生每两人为一组，在规定的时间内对练烟熏妆容，并根据评价表进行评价（表7-2-1）。

表7-2-1 烟熏妆容练习任务评价表

评价内容	内　容	分　值	学生自评	小组互评	教师评分
完成情况	准备工作	10			
	底妆	20			
	眼部	20			
	眉毛	25			
	唇部	15			
职业素质	团队合作	5			
学习纪律	遵守纪律	5			

三、任务拓展

1.小烟熏妆与大烟熏妆化法的区别。

2.请在妆面纸（图7-2-12）上化出小烟熏妆的妆面图。

3.利用业余时间给自己化一个小烟熏妆，并拍照上传到班级QQ群里。

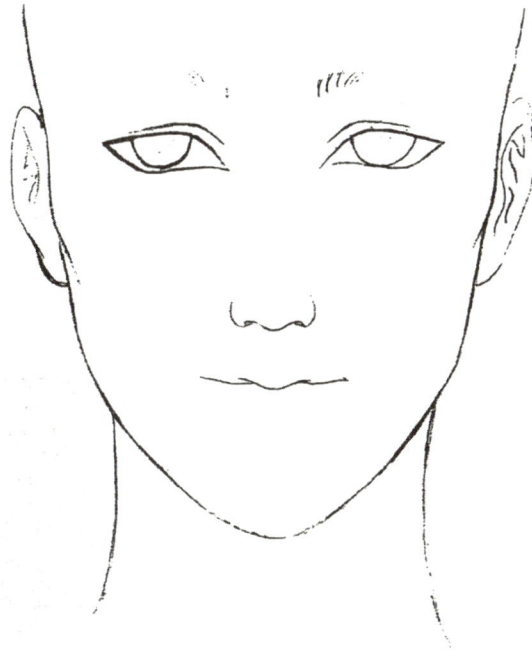

南宁市第三职业技术学校
No.3 Vocational Technical School of Nanning

姓名：　　　　　　　　班级：

南宁市第三职业技术学校

图7-2-12　妆面纸

任务三　欧美妆

任务目标

本任务旨在让学生了解欧美妆的特点，并学会运用。

任务描述

欧美妆容受到很多人的喜爱，许多女性都想把自己打造得像混血儿一般玲珑美丽，充满灵气。今天就让我们一起来学习欧美妆。

一、知识准备

（一）欧美妆的特点

眼妆：外国人的五官很立体，眼睛通常都是很深邃的，所以欧美眼妆重点打造眼部妆容。欧美眼妆强调的是魅惑的性感气质。欧式眼影有增强双眼的深度及产生三维效果的作用，常见的欧式眼影的画法有两种：影欧式眼影和线欧式眼影。

眉毛：欧美女生的眉毛非常有特点，挑眉是欧美人中最常见的眉形。

眼线：欧美眼线通常又浓又黑（包括下眼线），而上眼线眼尾也会略微上扬，着重于突出女性的妩媚性感。

轮廓：欧美女生喜欢用有层次的修容来塑造全脸的轮廓感，因此，她们的修容阴影通常也会较为明显（脸颊两侧和颧骨部位是重点）。

唇：欧美妆偏爱浓郁质感的唇妆，常见的是性感厚唇，所以化妆时普遍会将下唇全部涂满，尤其凸显出饱满偏厚的下嘴唇（图7-3-1）。

图7-3-1　性感厚唇

（二）实操演示

1.护肤后，涂隔离乳（图7-3-2）。

2.涂粉底液，并用海绵扑摁压，使粉底液均匀、服帖（图7-3-3）。

3.用蜜粉定妆（图7-3-4）。

4.画眉，用咖啡色眉笔画高挑眉（图7-3-5）。

5.采用线欧的手法进行眼部的修饰（图7-3-6）。

6.在眼皮上用咖啡色的眉笔画一条线后晕染，营造深邃的眼睛（图7-3-7）。

7.用黄色眼影涂在眼皮处，在画线的下方晕染（图7-3-8）。

8.画眼线（图7-3-9）。

9.可以贴浓密型的假睫毛（图7-3-10）。

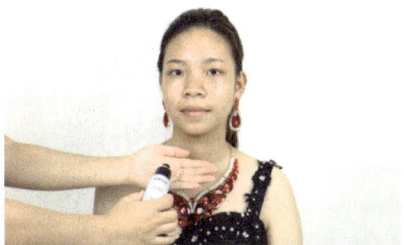

图7-3-2 护肤

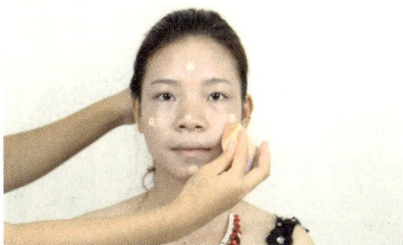

图7-3-3 涂粉底液

图7-3-4 蜜粉定妆

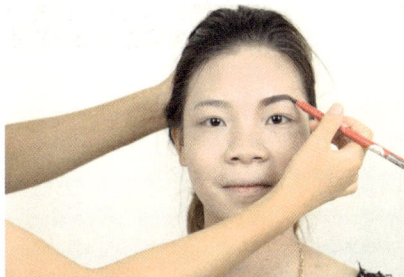

图7-3-5 画眉

图7-3-6 修饰眼部

图7-3-7 营造深邃眼睛

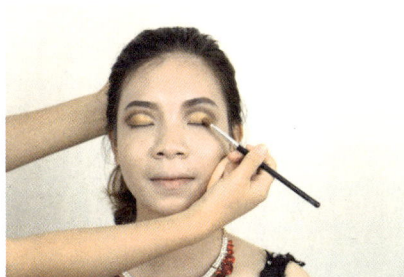

图7-3-8 晕染黄色眼影

图7-3-9 画眼线

图7-3-10 贴假睫毛

10.用双修粉修容（图7-3-11）。

11.画鼻侧影，打造高鼻梁效果（图7-3-12）。

12.涂腮红，也可以用腮红修容，打造立体的面容（图7-3-13)。

13.完成作品（图7-3-14）。

图7-3-11 修容

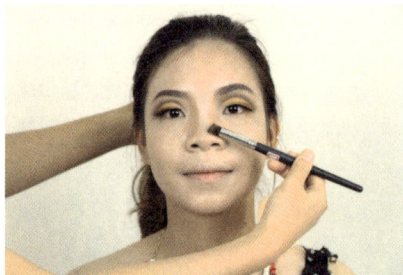

图7-3-12 画鼻侧影

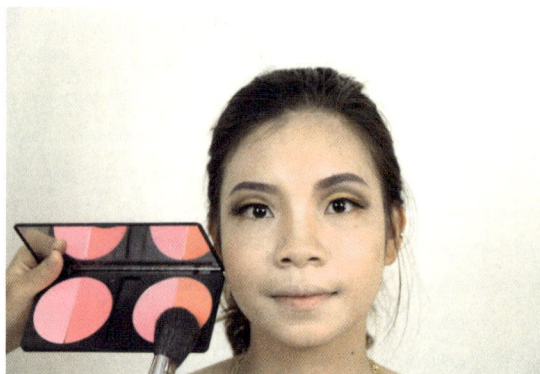

图7-3-13 涂腮红

图7-3-14 完成效果图

二、任务实施

学生每两人为一组，在规定的时间内对练欧美妆容，并根据评价表进行评价（表7-3-1）。

表7-3-1 欧美妆容练习任务评价表

评价内容	内　容	分　值	学生自评	小组互评	教师评分
完成情况	准备工作	10			
	底妆	20			
	眼部	20			
	眉毛	25			
	唇部	15			
职业素质	团队合作	5			
学习纪律	遵守纪律	5			

三、任务拓展

对于我们亚洲人来说，五官不像欧美人那么立体，在亚洲人脸上化欧美妆的难度会比较大，要化好需多加练习，请在妆面纸（图7-3-15）上化欧美妆。

南宁市第三职业技术学校
No. 3 Vocational Technical School of Nanning

姓名：　　　　　班级：

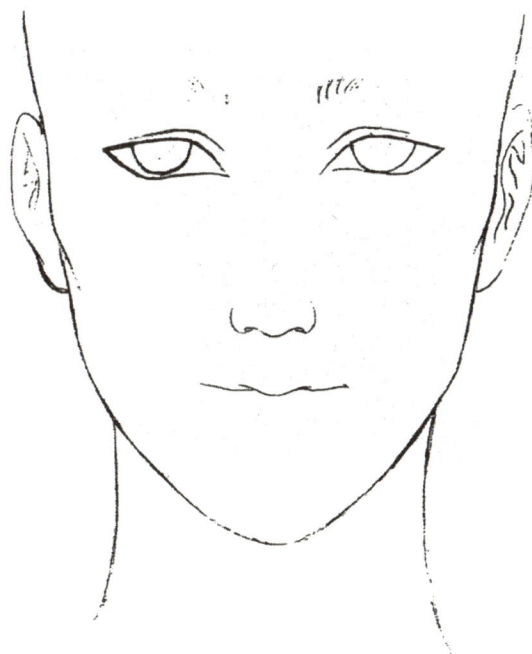

南宁市第三职业技术学校

图7-3-15　妆面纸

任务四　印度妆

任务目标

本任务旨在让学生了解印度妆妆面特点，并学会运用。

任务描述

印度美女向来以窈窕的身段和迷人的眼睛倾倒世人，印度妆体现的是一种浓眉大眼加性感双唇的立体形象，妆面浓而不腻，艳而不俗，光彩照人，张扬又具有亲和力，这融合了妩媚与端庄的妆容，异域风情十足，今天就让我们一起来学习印度妆。

一、知识准备

印度女性向来以颇具风味的异国风情和一双深邃而又清澈的眼睛倾倒旁人（图7-4-1）。

图7-4-1　印度女性

（一）印度妆型分析

打底：用比肤色略深一度的粉底打造出健康的肤色，轮廓处提亮，额部用点或亮钻装饰。

眉眼：眉毛的特点在于用黑色眉笔将眉尾小弧度的上挑，而眼睛则强调用粗线条的黑色眼线勾满整个眼眶。

鼻部：用阴影色从眉头扫出鼻梁根的鼻影，与内眼角形成自然过渡。

腮红：腮红通常横扫颧弓下陷主根部。

唇部：口红搭配唇彩涂抹整个唇部。

发型：配合服装及饰品梳理造型。

（二）印度妆型要素

配饰：项链、耳环、戒指、脚镯、腰饰、鼻环、头饰等。

迈何迪：妇女手脚等处画的红色图案。

图7-4-2 纱丽套装

（三）印度造型的服装特点

印度女性的服装比较艳丽，主要有乔丽衫、裙衬、古丽、搭帕、纱丽等。

纱丽套装：印度最有特色的国服（图7-4-2）。

乔丽衫：一件紧身的露脐短袖上衣，凸显出女性妖娆的身段。

裙衬：腰部裁剪较为紧实的长裙，固定纱丽的主要装饰服。

纱丽：一块一米多宽、五六米长的布料。

（四）实操演示

1.用比皮肤暗一点的粉底打底，营造出古铜的健康肤色（图7-4-3）。

2.浓眉大眼是印度妆的特色，眉毛除了加黑和加粗外，在眉尾处小弧度上挑也是一个重要的技巧，能很好地衬托古典气质（图7-4-4）。

3.在眼睑处先用咖啡色眉笔勾出轮廓线，采用线欧的手法晕染眼影（图7-4-5）。

图7-4-3 粉底打底

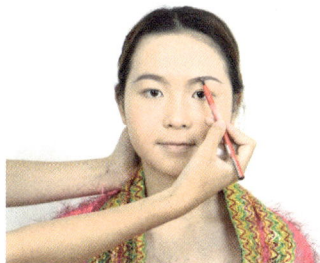

图7-4-4 画眉

图7-4-5 晕染眼影

4.用咖啡色眼影从画线位置往上晕染（图7-4-6）。

5.用眼影刷在眼窝处不断地晕染，营造出立体的眼形（图7-4-7）。

6.用黄色眼影晕染，高度不超过轮廓线（图7-4-8、图7-4-9）。

7.用咖啡色眼影晕染下眼尾的位置（图7-4-10）。

图7-4-6　眼窝处晕染

图7-4-7　眼窝处不断晕染

图7-4-8　黄色眼影

图7-4-9　黄色眼影晕染

图7-4-10　晕染眼尾

8.浓密的睫毛能突出眼部神采，因此对于睫毛的处理要加强修饰（图7-4-11）。

9.用浅咖色眼影画鼻侧影（图7-4-12）。

10.用双修粉修容，T区提亮，外轮廓涂暗影（图7-4-13）。

11.涂口红（图7-4-14）。

12.编辫子，点朱砂，戴头饰（图7-4-15）。

13.完成作品（图7-4-16）。

图7-4-11　修饰睫毛

图7-4-12　画鼻侧影

图7-4-13　修容

图7-4-14　涂口红

图7-4-15　编辫子，点朱砂，戴头饰

图7-4-16　完成效果图

二、任务实施

学生每两人为一组，在规定的时间内对练印度妆，并根据评价表进行评价（表7-4-1）。

表7-4-1　印度妆容练习任务评价表

评价内容	内　容	分　值	学生自评	小组互评	教师评分
完成情况	准备工作	10			
	底妆	20			
	眼部	20			
	眉毛	25			
	唇部	15			
职业素质	团队合作	5			
学习纪律	遵守纪律	5			

三、任务拓展

请模仿印度妆妆面（图7-4-17），在妆面纸（图7-4-18）上化印度妆。

Name: _____ VIP/Member Cark No: .

Professional Face Products

○Bade _____

_____

○Foundation _____

○Powder _____

_____

○Blusher _____

Eye Products

○Shadow _____

_____

○Liner _____

○Brow _____

_____

○Mascara _____

○Lashes _____

Lip Products

○Lipstick _____

○Liner _____

_____

Others

○ _____

○ _____

○ _____

○ _____

图7-4-17　印度妆

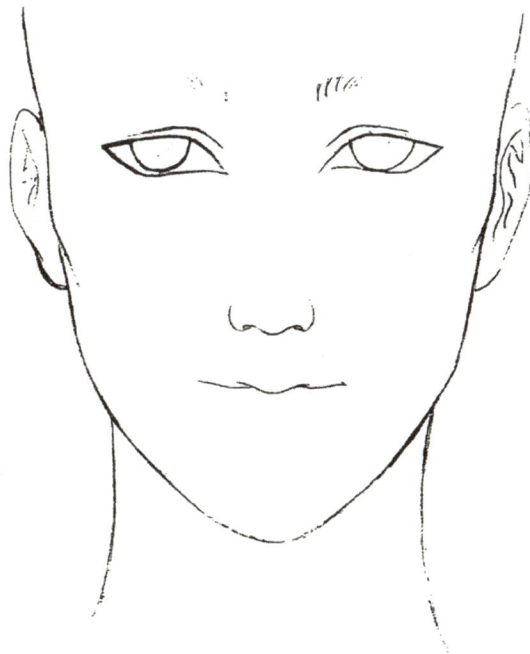

南宁市第三职业技术学校
No. 3 Vocational Technical School of Nanning

姓名： 班级：

南宁市第三职业技术学校

图7-4-18 妆面纸